家具里的中国

央视风云 编著

中国青年出版社

序言

斫木问道

历时四年之久拍摄的纪录片《家具里的中国》，在央视播出半年之后，终于由中国青年出版社整理编撰成书，以飨读者。即将付梓之际，编辑李杨女士邀请我为本书作序，乃因为我是该片的撰稿人之一。而我并非业界巨擘，只是有缘参与创作，仅仅凭着对本书的个人情结勉而为之。恐力有不逮，令本书失色，诸君莫怪。

据传神农氏"斫木为耜，揉木为耒，耒耨之利，以教天下"。斫，是指砍伐，延伸开来也有修削、雕琢之意。一个"斫"字，可以涵盖家具制作的整个过程。

随着古人起居由席地而坐，到垂足而坐的转变，中国传统家具逐渐在汉唐时期衍变发展，至宋代基本完善成型，种类齐全式样繁多。明清两代，随着经济的繁荣，文人墨客乃至宫廷帝王纷纷参与到家具的设计制作过程，使得明末清初的明式家具，以及清代中早期的宫廷家具，形成了中国家具史上难以逾越的高峰。而这些仅仅是传统家具中的沧海一粟，随着人们对家具认知的加深，越来越多的有识之士将目光投向广袤浩繁的民间家具，中国传统家具多姿多彩的形态，正在逐渐完整的呈现。《家具里的中国》正是在这样的背景下应运而生。

我有缘参与其间的创作，是源于我在博客中发表了七百余篇关于古典家具的文章，将众多鲜为人知的传世家具精品介绍给关注和喜爱古典家具的发烧友，为古典家具的弘扬做了一些推广工作。为《家具里的中国》撰稿写作的过程，也是我对中国古典家具的再学习的过程。本着求实的态度，我和其他主创人员查阅并考证了大量的相关史料，对不同的学术观点进行细致的推敲和研判，力求严谨却不拘泥于权威定论。对于片中出现的家具，我们遴选了那些最具代表意义而又各具特色的传世实例，尽可能全面的为观众和读者展现古代家具的丰采。在表现手段上，引用古代书画为佐证，首次以3D动画打开家具内部的视界，并且实景再现了古人的生活场景等等，运用多样而新颖的叙事手法来解析家具的内涵和外延。在文学创作上，我们字斟句酌，讲求字字皆有出处，句句都有渊源，常常为了一个字或者一个观点的探寻而彻夜不眠。在选题和立意上，我们围绕家具铺陈开来，延展至古人的起居方式甚至生活意趣，梳理家具的历史脉络，说的是家具，道的却是家具背后的故事和文化。

所有的努力和付出都是值得的。《家具里的中国》经央视播出后，引起不小的轰动并受到广泛好评，甚至被业内资深人士誉为家具史上里程碑式的纪录片。对于这样的评价，我虽然欣慰，却不敢接受这种褒奖。因为任何艺术形式都存在遗憾，这部纪录片也不例外。由于篇幅所限，我们无法将话题逐个展开，进行深入的探讨和发掘。但它却打开了一扇门，让更多观众和读者进入到中国古代家具的神秘世界，窥见古典家具之美。即便是在这样有限的篇幅里，我们依然对家具领域内的众多学术课题，提出了自己的见解。虽然很多论述浅尝即止，并不带有结论性，但是显然会对专业人士亦有所触动，从而引发思考。这种思考，就是"问道"。

家具是器，优秀的、极具审美价值的家具，一定是器中有道，只有器与道的完美结合，才会造就艺术品，否则只是实用器。《家具里的中国》，便是在尝试叩问此中之道。问的是选材之道、型艺之道、匠心之道、收藏之道，更问的是起居之道、礼仪之道、人文之道、自然之道。

斫木而问道，斫古而问今。是为序。

谭向东

2014年12月19日

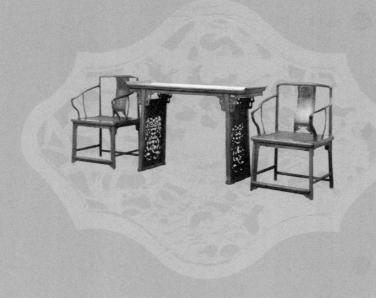

盛世

第壹章

每个人都有一个家，每个家里摆放着不同的家具，床柜架格、桌椅板凳，它们是人们生活的必需品。而主人则根据自己的需要和偏好选择它们，再按照自己的需求和喜好用不同的方式陈设。不同地区、不同时代、不同的人，对家具有着不同的要求。正是由于家具和我们的生活息息相关，因此，一件件家具，被深深地打上了时代的烙印，如果我们仔细地观察，就会发现，它承载着久远的历史，蕴含着丰富的文化，反映着时代的风尚。

▎隐藏在古典家具
　 背后的历史文化

　　一个普通的家具拍卖会上，家具动辄几
十万、几百万，人们为什么会花这么多钱去买它
呢？或许它已经不再是一件家具，而是一件艺术
品、一件古董、一件投资品，或许它已经将四者集
于一身了。

⊙ 明黑漆嵌罗甸翘头案

⊙ 黄花梨瘿木无束腰罗锅枨马蹄腿条桌

⊙ 清 红木有束腰三弯腿六柱式架子床

⊙ 明 黄花梨有束腰高火盆架

不管把它当作什么，古代的家具都不可能再增多，而喜欢的人却越来越多，这些传世的家具的确有着它们精美的一面，而财富的积累也让越来越多的人可以加入这竞购的行列，这些家具的价格越来越高，这也让一些投资者将它视为盈利或者保值的商品，但是这些家具到底有什么独特之处，值得人们如此痴狂？是谁制造了这些家具？它们的造型又从何而来？它们的材质是什么？它们的工艺特点又在什么地方？是怎样的阴错阳差使它们得以保存到了今天呢？透过这些古老的家具，我们能否清楚地还原古代人的生活场景呢？

　　时至今日，很大一部分的古典家具，尤其是它们中的精品都被海外收藏家和博物馆收藏着。近代中国的贫穷和落后，战乱人祸，使我们无力保存这些器物。而家具作为日常用品，一直以来也并不为大多数人所关注。反倒是西方人看到了中国家具的独特魅力，近百年来不断地搜集着。

⊙ 美国纳尔逊艺术博物馆馆藏

⊙ 黄花梨簇云纹马蹄腿六柱式架子床

20世纪70年代末，中国迎来了改革开放，封闭已久的内外交流也随即展开，新一轮的家具外销热开始了。这时，香港成了古典家具出口海外的集散地。很多人都是从做生意的角度开始接触到了古典家具。

【纳尔逊艺术博物馆】
(Nelson—Atkins Museum of Art)
是美国最著名的艺术博物馆之一，以收藏精美绝伦的中国古代艺术品尤其是中国书画作品而著称于世。纳尔逊艺术博物馆的中国艺术品可能是中国以外最完善的收藏之一。

▌ 收藏人
▌ 的故事

马可乐先生就是在那个时候开始进入这个行业的。

马可乐先生1979年移居到香港，那年他三十一岁。到了香港以后，因为要谋生，而祖辈和父辈都是做古董家具这一行生意的，对他有一个启示的作用，所以也开始接触这个行业。他说，刚开始，并不是因为喜欢这个行业来做的，而是出于一个非常现实的考虑，但是当他做了一年之后，就开始觉得这一行的生意里边，有太多的东西是需要去学习和了解的，而且还有很多未知的东西。

⊙ 彩绘人物大型座屏风　15—16世纪　槐木、杨木和松木

⊙ 插屏式座屏风　木胎黑漆

⊙ 两用火盆架炕桌　18—19世纪　核桃木

马先生所说的未知的东西，就是隐藏在这些家具背后的历史、文化、工艺技术等的方方面面，以及那些生产者和使用者的情况。

伍炳亮先生是另一位在那个时期加入古典家具买卖这一行业的。

中国传统家具专业委员会的伍炳亮先生说，刚开始做古典家具买卖时，一般收一件完整的家具，最多是赚百分之五到百分之十的利润。但是这些残缺不全的老家具经过自己修理以后，就会产生百分之五十、百分之百甚至百分之两百的利润。他从1979年开始做这个行业，到1981年就挖到了第一桶金，成为了万元户。

改革开放初期，国家为了鼓励个体经营，号召人们争当万元户。所谓万元户就是年收入能够达到一万元，这在当时大学毕业后年薪仅有六百元左右的中国，是一个很具有挑战性的数字。

也正是改革开放以后，随着人们生活的逐步改善，精神和文化生活变得更加重要，收藏渐渐成为了一个热点。就是在这个时期，王世襄的《明式家具珍赏》出版了，这本书的出版使明式的家具一下子成了世人关注的重点。

关于这本书的出版，王世襄先生说："要点是对它的理解，知道它在文化上的地位，它是怎么制作的，来解释中国的工艺，来解释中国的文化，来解释中国的历史。这样就更有意义，而不是占有。"

王世襄先生对于中国传统文化的研究近乎痴迷，尤其是对明式家具的研究，到目前仍没人能够超越。他从学术的角度规范了家具研究的方法，统一了古典家具的命名方式和工艺名称。

上海博物馆画案紫檀大展厅

　　在他收藏的家具中，有一件被称为重中之重的器物，就是如今被收藏在上海博物馆的紫檀大画案。王世襄先生的《明式家具珍赏》以及后来的《明式家具研究》这两本书都是在这张大画案上完成的。

　　这件当年享誉京城的大画案，是由紫檀木制成。紫檀木家具，从明中晚期开始就成为了奢侈品。它在一百多年前一直属于王公贵族和达官显贵的专用品。

⊙ 插肩榫画案　明式紫檀　上海博物馆藏

▌紫檀

珍贵的紫檀，被用来彰显皇家的威仪和奢华。它之所以名贵，是因为其生长极为缓慢，成材就需要三百年左右，五百年以上的大料更是极为难得，因此，它的气干密度非常大，超过了每平方厘米百分之一。和普通木材不同，紫檀是沉入水中的。这种在今天被称为小叶紫檀的木材，产于印度南部原始丛林中。它的木质坚硬，纹理细密；色调深沉静穆，庄重大方；质地紧密含油

⊙ 龙纹宝座 清式紫檀

量大，稍经打磨，即出现如绸缎般的光滑和玉石般的温润光泽；尤其是紫檀纤维紧致，无论横向还是纵向用刀雕琢，都不会造成纤维的崩碴，形成粗糙不可修复的缺憾。因此，紫檀木适合细腻的雕刻，即使细若游丝的纹饰，它也能体现得淋漓尽致。

⊙ 紫檀木雕纹饰宝座

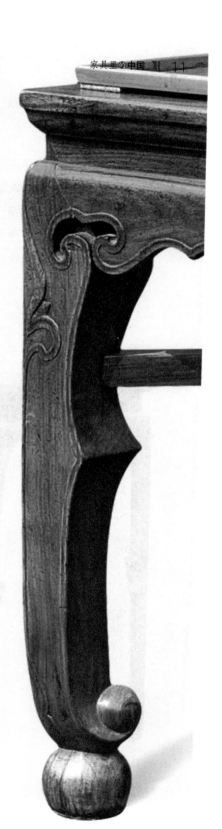

人们今天所说的传统家具，基本上都是清代以来的，而清之前的家具保留下来的并不是很多。随意走进一家家具生产厂或家具城，人们都能看到很多很多的仿古家具，它们当中清式的居多。我们不妨再看一下自己身边的家具，有没有三十年前、五十年前的，就不难明白了。社会的动荡、时代的变迁，要保留一件四五百年前的家具相当不容易。搬家通常是丢掉老家具最直接的原因。上百年不搬家的，也许只有皇帝和少数贵族了，这就是为什么我们今天看到的很多家具都是紫禁城里的宫廷家具。

宫廷家具能够得以保留下来，除了上述原因以外，还有一个重要因素就是它的质量。清代的朝廷几乎把全国顶级能工巧匠都招募进来为朝廷服务，这样做的结果是，它的质量和形式都是当时最完美的，而民间想要追赶时尚，唯一能做的就是仿效宫廷。

【紫檀】豆科、紫檀属乔木，是世界名贵木材之一，主要产于南洋群岛的热带地区，其次是交趾。印度的小叶紫檀，又称鸡血紫檀，是目前所知最珍贵的木材，是紫檀木中最高级的。常言十檀九空，最大的紫檀木直径仅为二十公分左右，其珍贵程度可想而知。

‖ 黄花梨

　　如果说紫檀的沉穆雍容被皇亲国戚所青睐，那么清雅闲适的黄花梨，则是文人雅士的最爱。它清晰明快的自然纹理，呈现出优雅的画卷。有的像山峦叠嶂，有的如涓涓细流，还有的似流云飞霞。恍若一幅幅苍天绘就的秀丽山河。黄花梨木，古代称作花梨或者花榈木，用黄花梨来做家具大概是从明中晚期开始流行。

⊙ 高束腰马蹄足挖缺做条桌 明式黄花梨

由于黄花梨木生长的速度非常缓慢，一棵近百年的黄花梨树，芯材部分仅仅大拇指粗细。要长成用来制作家具的材料，起码要上百年。因此，黄花梨的质地非常坚硬，制作家具时榫卯结构部分才能够精细和坚固耐用，更能经受虫蛀的考验而不腐烂。

我们看到许多明末清初的黄花梨家具，其拆开的榫卯大多完好，全凭黄花梨木坚硬的质地。同时，坚硬的木质，保证了家具雕刻得精细入微，这些特点是其他软木所无法比拟的。黄花梨纹理的自然优美，让明末的文人们认为是最好的装饰。因此，古代匠师在制作家具时，往往精挑细选出最美的木材，用在家具最明显的部分，而不再使用其他雕刻。这种制作手法，最大程度地满足了古人崇尚自然之美的心理。

黄花梨家具最让人动心的是它行云流水般的纹式。

　　眼前这件插肩榫酒桌，就是以黄花梨木制成的。它宽厚的牙板，优雅而有力的壸门曲线，是明式家具的典型特征。剑形腿足的中央，两柱香式的阳线下延至底足处，扭转之后向上而行，分别沿着牙板的边缘延展开去，形成完整而连贯的曲线轮廓。起线饱满圆润，均匀挺括，手法精到老练。

　　这种看似简单的线条，实际上却是最体现功力的地方。在那个没有现代化工具的年代，没有常年累月的磨炼，是不可能做到如此精确的工艺。而工具的进步也使得这一工艺成为了可能。

⊙ 插肩榫可拆卸酒桌　明式黄花梨

作为实用器物，方便快捷的使用，是家具设计的原则之一，有些家具甚至需要经常搬动和收放，可折叠、可拆卸的家具便应运而生了。

这件插肩榫酒桌，从外观上看不出有什么特别之处，它的奇异构造，隐藏在看不见的内部。当我们拨开案面下两侧的插销，就可以轻易地将四足拆下，这时你会发现，原本直立的牙板，是可以折叠平放的，使得拆开的案面也变得扁平。这是由于宽厚的两侧牙板，分别有伸出的轴头，纳入到侧牙板内，就如同门轴一般，使牙板可以开合。

拆开的案子，变成三组框架，可以折叠在一起存放，仅需小小的空间而已。需要的时候，不用一分钟的时间，就可以安装完毕。

这样的奇思妙想，并非一朝一夕完成的。它是历代匠师心血智慧的凝结，是中国古典家具榫卯结构的精彩体现。而这只是众多精妙榫卯的点滴呈现，当我们有机会打开中国古典家具的内在世界，我们唯有叹服和倾慕古人的聪明才智了。

这件折叠酒桌是用黄花梨木制成的，而更多的家具则是就地取材，用普通的榆木、榉木等制作，因此大多数这样的家具需要上漆，就是人们所说的漆木家具。上漆的原因，一是因为漆制品，比如漆器在战国时就已经有了，它的用途广泛；二是古代制作家具的平面处理的工具还不完善，比如刨子还没有出现。同时，也是因为有抹灰披麻布髹漆的原因，家具的表面并不需要非常平滑。

　　紫檀也好，黄花梨也好，都是古典家具收藏的一部分。保留到今天的古代家具，值得收藏的远远不止这些材料制成的，还有石材、竹子、鸡翅木、铁力木、乌木、楠木、榉木、榆木等等。

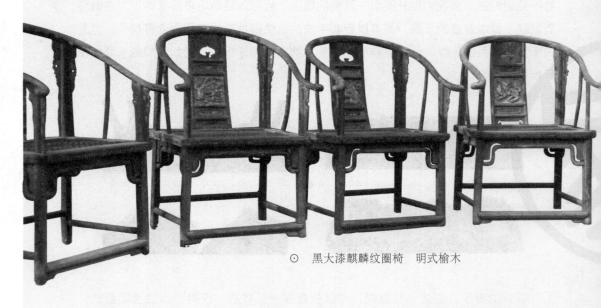

⊙　黑大漆麒麟纹圈椅　明式榆木

　　这套椅子一共有七把，经过了几百年的世事变迁，它们还能够聚集在一起，这本身就是一个奇迹。

⊙　黑大漆麒麟纹圈椅细节

‖ 造型艺术

古典家具除了材质珍贵、造型优美、工艺精湛以外，还为我们保留了更多的历史文化信息。

岁月更迭、时光荏苒，我们被巨大的时间车轮推动着前行，偶尔，我们能在遗存的古画中窥见些许，却几乎无法真切地感受到，只有遐想。我们更无法想见古人的生活方式。

比如，这件小条桌，是迄今为止不多的，接近那个遥远时代的实物。猛然看见它，就会联想起宋代绘画上的生活场景。

⊙ 无束腰直枨条桌　明式槐木

⊙ 《听琴图》 宋 赵佶 北京故宫博物院藏

八百多年前的两宋时期，民风温雅，尚文不尚武，是士大夫盛行的年代。他们的审美情趣也决定了生活方式的主流，中国家具在那一时期得到了迅速的完善，为后来中国家具的发展奠定了基础。

宋代文人的清雅闲适，宁静内敛，追求简约平淡，却高尚精致的生活方式的思想，潜移默化地影响着起居生活的细微之处。家具的设计纤细简练，不尚奢华，已是简单到了不能再简。

而在这简单的外表下，却非常讲究线条的修饰。让你不由地联想起芭蕾舞中的足尖，亭亭玉立。这些细微的修饰，使得小条桌简单的外表下，蕴含着精雅和精致，这就是那个时代的高雅生活吧。

其实家具首先是实用器，要为我们的生活服务。生活方式的改变会影响到家具式样的变化，一种新型家具的出现也会影响到人们的生活方式。而这一切都是源于家的出现。

◉　清紫檀嵌黄杨宝座

礼仪

第贰章

家对于人们来说都是温馨和舒适的，它是我们的归宿，也是我们的依靠。像结婚这样的人生大事就叫作成家。当然有了家就要有家具，没有家具的家只能称为房子，现在的人很难想像在没有家具的房子里如何生活，因为我们的生活大多是在家具上度过的。

最早出现的家具
——席

　　大约五、六千年以前，先民们开始逐渐从游牧状态向农耕时代转变，最早的房子就是山洞或是在土坑上加个顶子，称为穴居。为了使生活更舒适、更方便，先民们建起了自己的房屋，"家"这个字就出现了。

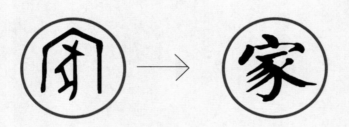

　　从象形文字来看，家这个字就是有顶的房子里养着猪。因为再早的时候，人们饲养的主要是牛羊，牛羊可以跟着人们一起迁徙，而猪不能。人们只有定居下来才能养猪，有了房子、有了家就可以遮风蔽雨，可以休养生息。定居下来的祖先们开始围绕着家生活，这时家里的器物也随着生活方式的转变而增删。

　　定居下来的祖先们，最先拥有的家具可能就是席。有了席，就可以在上面坐卧。家具是随着人们不同的需要产生的，在这个时期，席就变得异常重要。因为室内铺着席，所以古人进屋之前都是要把鞋脱在外面。

一张席子上的
礼仪

　　席除了实用性以外，很快就有了一系列的使用规定，比如天子五重席、诸侯三重席、士大夫二重席。这时，对于席的编织花纹、质地、封边、大小，对几个人可以席坐一张席就有了明确的规定。人们在家里的大部分时间都是在席上度过的，谁坐在什么位置也慢慢地固定下来。一家之主一定是坐在最好的位置上，夏天通风、冬天向阳，这个位置的席就是主人的席，即主席。

关于坐的礼仪，观复博物馆马未都先生说：＂中国人今天说的最多的一个词儿就是主席，从《礼记》中就可以查到关于主席的痕迹，《礼记》中讲道：群居五人，长者必一席。意思是说五个人聚在一块儿，就不能坐在一张席子上了，长者、有身份的人，要单独坐在一个小席子上，这样就形成了主席这个概念。英语单词chairman是指椅子上的男人，而我们称主要席子上的那个男人，就是主席。＂

现在的人如果没有沙发、椅子、凳子而是每天坐在席上面工作和生活，恐怕需要相当长的时间才能适应，但如果想象一下一千五百年前的古人们，他们不但都是坐在地上，而且还要跪坐，又会有什么感受呢？

⊙ 跽坐，挺直上身两膝着地

这种跪坐的方式叫跽（jì）坐，臀部离开脚踝叫跪。这样的坐姿和当时的服装有很大关系。那时，裤子还远远没有出现，更不用说内衣了。人们穿的上半身叫衣，下边类似裙子的叫作裳，合起来今天念衣裳。

⊙ 晚清汉族女装　光绪年间

【席子与礼仪】按照规定，天子坐的席子五重，诸侯之席三重，大夫之席两重，席的花纹也有差别，显示了等级差异，即便是在家独处，也不可铺错了。

⊙ 踞坐图

我们今天坐在地上的方式在古代不仅是不雅观的，也是非常不礼貌的。这种敞开腿像簸箕一样的坐姿叫作踞坐，也叫箕坐。汉代韩婴写的《韩诗外传》记载了这样一件事，说孟子有一天到他母亲面前告状，要休掉自己的妻子，原因是他进门看见妻子踞坐，就是像簸箕一样坐着，然而孟母则是站在儿媳的立场上批评了孟子，因为他没有通报就进屋是失礼在先了。

有趣的是，至今在亚洲的其他国家，席地而坐仍然盛行。中国的近邻日本，在一些传统的场合，还可以看到踞坐的场面。日本的榻榻米几乎就是由席演变而来的，他们的坐姿或许能让今天的我们感受到古人的状态。因为有了席，人们才能跪坐在上边，各种相应的礼制也就随之产生了。

几的出现

尽管对于习惯了跪坐的人们来说，这种姿势并不是很累，但坐长了总有累的时候，特别是老年人，因此便有了凭几，它的功能就是当人们跪坐累了以后，有个器物可以凭靠一下。

⊙ 《伏生授经图》明 杜堇 美国大都会美术馆藏

　　在这幅《伏生授经图》中，人们可以看到当时几种不同的坐姿，以及伏生倚靠的凭几。传说，伏生冒着生命危险，将一些古籍藏了起来，躲过了秦始皇的焚书大劫。到了汉文帝时，九十多岁的伏生开始讲授他珍藏的古籍。因为年迈，他不能像正常人那样说

⊙《伏生授经图》局部

话，他的话只有女儿羲娥才能听懂，于是伏生就讲给女儿听，再由女儿转述。伏生因为年势已高，已经不再讲究坐姿，而且身旁还有一只凭几。

"几"这个字，从形象上就可以看出它的形状。后来，凭几的形状也在不断地发生着变化，慢慢地有了半圆形的，和更加宽大的几。有的几上面也可以放些东西，有的几就像今天的茶几。

⊙ 三足凭几 黑漆

屏风
的出现

　　今天，人们若是坐在地毯上，或是躺在地上睡觉，会感觉到门外吹来的风。而古代的房屋并不像今天的样子，它没有四面封起来的墙，门窗也没有像今天这样严紧，人们席地而坐，身后放一个遮挡物，既安全又挡风，这就有了屏风，古人叫作扆(yǐ)。渐渐地，屏风也有了权威和仪式的象征。

　　为什么叫屏风呢？因为它是一个可以依靠的东西，可以隔断的东西，所以我们今天也叫屏障。古人最早称屏风叫"扆"，本身也是一个依靠、依挡的意思。屏出现以后，它就把空间作了一个有限度的隔离。在古代，如果我们在一个大的空间中，需要摆出一个主位的时候就需要有一个屏。

　　直到今天还是这样，我们看国宾接待的时候，领导人后面一定有一个大屏风，即使没有屏风也有一张巨大的画，表明这个屏风的存在，这是我们古代文化的礼仪所留下来的。

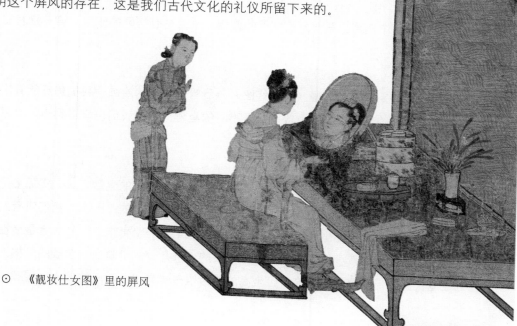

⊙　《靓妆仕女图》里的屏风

⊙ 《女孝经图》宋 佚名 北京故宫博物院藏

屏风有三个作用。第一是有庄严的作用；第二是有挡风的作用；第三是有安全的作用。

传说这是宋人画的一幅《女孝经图》。尽管是宋代的绘画，我们仍然能看出古人房间里屏风的使用、坐的位置，以及不同的坐姿。同时我们也能看到当年房屋的开放式的结构。

广州工业大学艺术设计院院长方海说："我们中国人的生活方式，实际上是决定了家具的发展，比如说，在古代中国，我们是席地而坐的，因此，我们所有的家具都是低家具，我们是坐在一个毯子上，或者是坐在一个坐垫上，又或者是坐在一个席子上，前面摆着小托盘，或者是一个矮的小茶几。人们睡在一个矮的床榻上。到了唐代，人们慢慢开始坐高了，坐高的原因很多，其中，胡床的传入、佛教的传入，都引起了中国人行为方式的改变。我们开始越坐越高，这个时候才开始出现了座椅，开始了座椅时代。"

高坐的椅凳

今天的家家户户都有椅子凳子，是什么时候，又是为什么出现了这些高坐的家具呢？

在中亚、埃及等地，四千年前就有了高坐具。在中国，东汉之后，陷入了数百年的分裂状态，连年的战乱、民族的交融、佛教的传播等，使得这一时期的文化呈现出了丰富多彩的现象。

魏晋时期的人们，或许觉得佛教僧侣们高坐的方式，体现出了一种尊严、一种庄重，于是开始模仿和接受这一坐姿，高型的坐具随之也慢慢兴起。此时，服装的变迁也使高坐成为了一种可能。然而这一坐起来的过程，持续了五六百年才基本完成。

观复博物馆马未都说："高坐起来，人们对家具的要求不仅仅是桌椅的高度，还要求了视觉之内的所有家具的高度，比如柜子，我们的柜子明显比日本和韩国的高，我们的大顶箱柜，高的有三米多，壮观之极，如果是坐在地上，这么高的柜子会使人感到很不舒服，所以我们的家具，就随之全部升高，包括衣架、屏风等等。"

　　曾经在加州博物馆工作的柯蒂斯先生，从20世纪80年代就开始研究中国古典家具文化，他从跨文化的角度来研究这一变化的过程。

　　柯蒂斯认为：按照席地而坐的变化，要坐在有高度的椅子上，一定跟佛教有关系。因为佛教进入中国，也带来了高的椅子。这是因为要配上符合儒家地位的概念。我们从云冈石窟、敦煌石窟那里都能看到，早期的佛像都是坐在佛座和小凳子上面的。

⊙《韩熙载夜宴图》传 五代 顾闳中 北京故宫博物院藏

中国文化也会受外国文化的影响，在对外国文化吸收、消化的过程中，不断的形成了自己的特色文化的过程，这个变化不是一百年、两百年就能形成的，它有可能是五六百年才形成的。

《韩熙载夜宴图》也许是中国古画中最广为人知的一幅。研究古代社会生活史的专家们纷纷从画中的生活场景寻找着各自的证据。

韩熙载是南唐时期的吏部员外郎，为了避免南唐后主李煜猜测他有政治野心，他每日花天酒地，与宾客纵情嬉戏。皇帝于是派顾闳中前去观察，顾闳中回来后画了这幅画向李煜汇报。虽然这幅画到底是不是顾闳中画的，是不是当时的原画，是后来别人画的、还是临摹的，至今仍有争论，但是可以肯定的是，这幅画至少是南宋之前的画作。不管怎样，这幅画为我们展示了宋代之前的众多家具形制以及它们的使用情况。

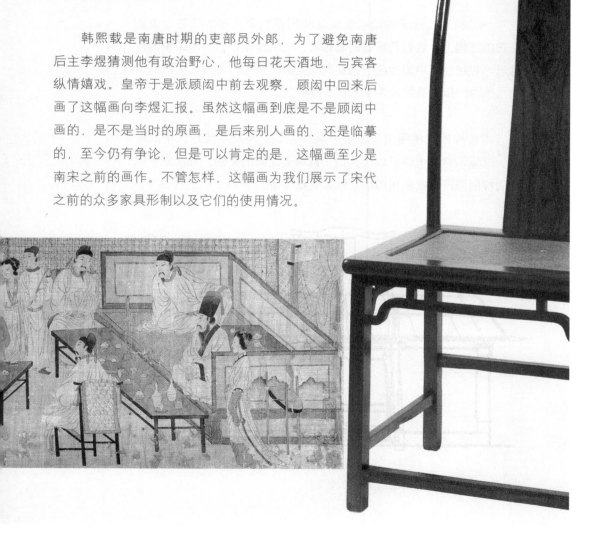

　　在这幅画里边出现了很多家具，特别是椅子。椅子的出现除了功能上满足了高坐的需求外，更主要的，是它带有浓浓的地位感和庄重性。直到今天，一个单位或部门最主要的位置和最大最好的那把椅子一定是最重要的那个人坐的，这把椅子有了一定的象征意义。而在《韩熙载夜宴图》中，椅子基本上是一致的，而且随处摆放。大家不分官阶，欢聚一堂，表现出了韩熙载对于政治、仕途不屑一顾的心情，用以打消皇帝的猜测。

　　一张椅子，除了在功能上能让我们看到使用者的状态，还能从它的结构上，看到它背后的制作者，也就是匠人对于木结构的种种思考和把握。中国传统上把家具与盖房统统称为木作。盖房的人叫大木作，做家具的人叫小木作或细木作。

　　木结构的房屋缩小了就是家具，它们之间几乎就是大小的区别，这幅示意图也许可以让人们了解两者之间的关系。其实桌子也是同样的原理，都是用四根立柱来支撑重量。

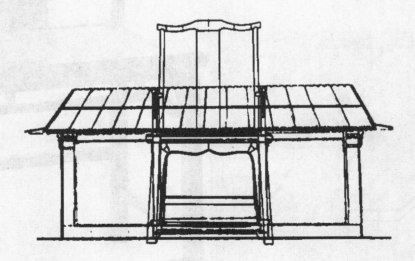

⊙　房屋示意图

⊙ 黄花梨不出头圈椅

　　远古的生活和今天比起来异常艰辛，然而对美好生活的向往与今天却没有什么不同。先民们想尽一切办法使自己的生活舒适和方便，这是家具最先出现的动机。

　　人们从远古的游牧时代慢慢走向了定居生活，有了家，有了家具，尽管这些家具还很简单粗糙，实用的功能始终占据着第一位。但是，他们从一开始就带有了多重的文化指向，人们赋予了它礼仪上的、美学上的种种元素。人类文明的进程，文化的传播，无不在他们身上留下印记。我们今天，可以从这些蛛丝马迹中，去追溯那些惊心动魄的变革、激动人心的进步。面对一件件传世的家具，我们可以凝想，古人是如何在这上面憩息生活的，一个小小的细节，可能就承载着千百年的传统。

第叁章

人文

家具的出现，无疑让生活变得更加舒适和丰富多彩。日常起居、工作学习、婚丧嫁娶、招待亲朋，家具总是与人们的生活紧密相伴。家具的实用功能，也让我们能够透过它看到一个时代的生活方式。

⊙ 《唐人宫乐图》唐 佚名 台北故宫博物院藏

围绕着桌子的
聚拢

　　在众多的家具中，餐桌是每家每户必不可少的。宋代的时候，桌这个字写成卓，卓就是高的意思。现代人的饭桌包含着很多功能，它是一家人聚会的中心，也是合家欢乐的象征。不管是两三口人的小家，还是四世同堂的大家庭,围绕着餐桌最重要的一项活动当然就是吃饭，这是餐桌的基本功能。

　　这幅唐朝人画的《唐人宫乐图》让我们看到了大家围坐在一起吃喝玩儿乐的场景，这或许就是聚餐的开始吧。而在这之前，人们还是分餐制的，因为桌子还没出现，大家都是每人一份儿，自己吃自己的。

　　桌子出现以后，它就被赋予了很多功能，不仅是吃饭，包饺子做饭、看书学习、打牌下棋都离不开它。不管是在室内还是在户外，我们常常都是围绕着桌子聚拢。

一张桌子里的 文化生活

　　这是一张生漆桌，桌面是传统的批布、批灰，髹饰大漆的工艺。和桌面平行的围板叫牙板，牙板的两头做成云朵的式样，因此叫做云头牙板，它是明式家具最常见的标识。

　　从功能上来讲，棋桌是有单项功能的，比如从清晚期到民国这一段时期，我们看到的麻将桌，就是只能打麻将的单项功能桌了。

⊙ 插肩榫多功能棋桌　明式榆木

⊙ 云头牙板

这张桌子则是多功能棋桌。人们可以在这里喝茶，也可以在这里吃饭，还可以读书作画等等，而且它的桌面是活动的。

⊙　多功能棋桌

⊙　打开盖面的桌子

打开桌子的盖面，中间最深凹的部分，是一个双陆棋盘。在唐代的时候，双陆棋最为盛行。它的外形如同一个抽屉，四边带有很高的围板。棋盘的两侧，用象牙或者黄铜镶嵌十二个旗标和一个月牙形的界标。

双陆棋子大概是两种颜色，有用紫檀和黄花梨来区别的，也有用象牙和乌木来区别的。这张桌子的中间一层是围棋盘，这样设计的原因，或许是为了节省空间，也或许是清代的康熙皇帝严禁民间利用双陆棋赌博，因此人们才把双陆棋盘藏在最下层。

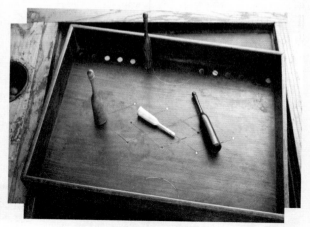

⊙ 双陆棋盘

⊙ 《内人双陆图》 唐 周昉 美国弗利尔美术馆藏

【双陆棋】是中国古代的一种竞技棋戏，相传是在由印度传入的波罗塞戏基础上，由曹魏时王子曹植糅合六博的特点而创设的，初期有两枚骰子，唐朝末年后逐渐加到六枚。双陆棋子为马形，黑白各十五枚，两人相博，掷骰子按点行棋。双陆棋在唐朝、五代和元朝曾风靡一时，连武则天与后唐明宗也喜欢下双陆棋。

多功能的
榻

　　在宋代以前的绘画中，桌子出现的并不多，反复出现的家具是榻。榻让一家人不用再坐在潮湿的席子上面，起身更为方便，视野也更加宽阔，坐在上面似乎也有了高人一等的感觉。这时的榻成为了一家人的活动中心，因此，榻也具有着多种的功能。

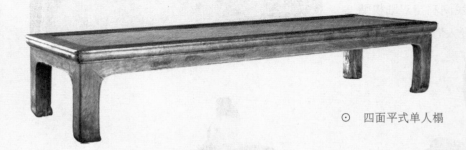

⊙　四面平式单人榻

　　早期的榻比较轻便，是可以挂在墙上的。如果有重要的客人来了，就从墙上摘下来，搁到地上，让客人睡觉，意思就是下榻。榻这个字本身的意思是指塌然接地，也就是离地非常近的意思。

　　榻被用来坐卧和放置物品，是中国最早成形的家具之一。读书、写字、下棋、刺绣、织补等等，甚至人们在室外歌舞宴乐、消夏纳凉等活动也往往是围绕着榻进行。

⊙　插肩榫单人榻　明式榆木

我们在这幅古画《北齐校书图》的绘画中，可以看到当时人们使用榻的种种生动场景。

据传，这是北齐时代杨子华描绘的公元556年，几位士大夫在勘校"五经"的场景，一张榻上坐着四个人，吃的、喝的、用的、玩的都在上面。另外，从画上我们还可以看到两只凭几，女仆怀抱类似于今天靠垫的隐囊，右边还有一位侧坐在胡床上。几位士大夫所穿的衣服也和今天有很大不同，薄如蝉翼的披肩，尤其令人吃惊。而且他们拿笔的姿势和现代人也完全不同。想必那时的纸也是很厚的，可以托在手上写。在那个没有桌椅的时代的人，能把文字写得如此绝妙，真的让我们觉得不可思议。

高型桌案的出现，使榻的功能逐渐变得单一化了。古时候的家庭住房在防暑降温方面无法和现代相比，又没有电灯，因此人们的户外活动非常多，家具也常常搬进搬出，正是由于这些原因，榻逐渐变得轻巧起来。

⊙ 《北齐校书图》北齐 杨子华 美国波士顿美术馆藏

　　现代人家中有种折叠的弹簧床或者叫行军床，可以供客人留宿时临时使用或带出去郊游。其实，古人早在几百年前，就已有了这种可以折叠的榻。达官贵人外出围猎，或者行军打仗的将军们，为了便于携带，方便露营时使用，制造出各种巧妙的，可以折叠成一个箱子的行军榻。

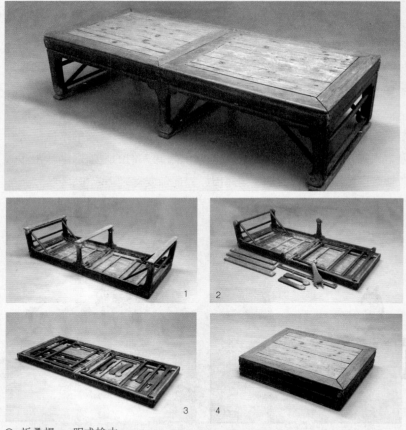

⊙ 折叠榻　　明式榆木

　　这只折叠榻，六条腿可以轻易地拆下，而所有的部件可以收进箱体的空间里，折合起来变成一个不大的箱子。有了这样的榻，无论走到哪里，都可以高枕无忧了。

　　后来，古人为了防止榻上的东西掉落，就将建筑的围栏移到了榻上，逐渐形成了罗汉床的雏形。早期的罗汉床，围栏的形式基本上与建筑栏杆一样。稀疏的格栅围在榻上，对人和物品都是一种保护。

⊙ 围栏式罗汉床　明式榆木

　　再往后，围栏变得密闭，有了挡风的作用，榻和屏风结合为一体。这种家具形式，一直延续到几十年前，稍微富足的人家几乎家家必备。

　　罗汉床的名称由来，没有详实可靠的文史资料记载。比较接近的，是在明末文震亨写的《长物志》中，提到一种尺寸稍小的长方形坐具，俗称"弥勒榻"，常被用来打坐修禅。因此我们认为，中国的家具成形，与佛教的传入有着密不可分的关系。

　　在清代以前，罗汉床经常被放在厅堂的中央，供主人和贵客使用。除了厅堂，罗汉床也被文人雅士用于书斋。茶余饭后，用以阅读经史、观赏书画、赏玩古董，坐卧依凭无不舒适，困了就在罗汉床上小憩一下。

　　每当有知己来访，便在罗汉床上招待好友；或将小炕桌放在罗汉床的中央，边品着香茶，边吟诗作对；或者下几盘棋，甚至来几碟可口的佳肴，对酌畅饮，乘着酒兴侃侃而谈。

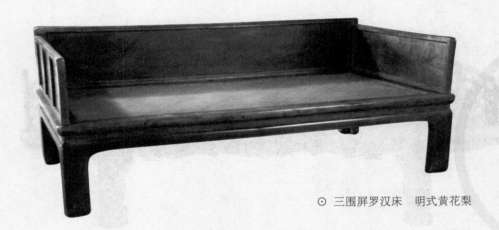

⊙　三围屏罗汉床　明式黄花梨

　　这张由黄花梨木制作的罗汉床，整体简素古朴，洗练的线条，透露出典型的明式韵味。床面是以藤条和棕绳编织的软屉，坐感舒适。

⊙　罗汉床围屏上的图案

　　床面之上设三面围屏，两侧略低于正中的围板，远远看去，与常见的明式罗汉床没有太大的差异。然而走到近前，人们会赫然发现另有一番天地。以刀为笔刻画出的"岁寒三友"典雅生动。四季常青的松，刚柔相济的竹，迎风傲雪的梅，于嶙峋怪石间散发着勃勃生机。躺在榻上即可品味四时美景。

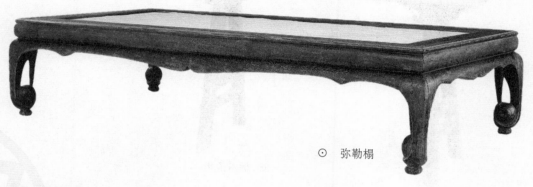

⊙ 弥勒榻

‖ 逐渐消失的
‖ 凳子

家具的存在，主要是为了满足生活的需要。一种家具在生活中不需要了，它也就不存在了。比如，在今天都市里的人家，有凳子的就越来越少了。因为我们的生活方式和过去有了很大的改变。凳子的优势是它可以搬来搬去，而且不占地方，偶尔可以把它当小桌使用，也可以用它来登高。

凳这个字最早就是登高的意思。而西北有很多游牧民族，骑马是生活中重要的组成部分，上马凳应该是最先传入中原的。

⊙ 无束腰长方凳 明式黄花梨

⊙ 楠木条凳

　　"凳"这个字最早是写成"登"，有登高的意思，而家具，最早也是为了增高的。在生活中遇到要够高处一个东西时，人们肯定伸手就把凳子拉过来，有凳子的时候，很少拉椅子，原因是凳子没有方向性，人从任何一个边都可以上下。

　　作为日渐消失的最普通的凳子，却也有用昂贵的黄花梨、紫檀等硬木来制作的，而它们富于艺术性的造型，也让我们知道，家具除了使用功能之外，还被赋予了满足人们精神生活的功能。

⊙ 清早紫檀漆心方杌

⊙ 清早紫檀长方凳

⊙ 清楠木嵌瓷心圆凳

▌承载着祭祀文化的
▌供桌

　　现在，城里人家已经很少有供桌了。在古时候，晚辈对长辈的早晚问候，年节时祭拜祖先，经商的人供奉财神，初一十五吃斋礼佛，连入行拜师都要跪拜祖师爷，因此，供桌是很多人家的必需品，没有供桌的也会用方桌代替，只是有的简单，有的华丽罢了。供桌的功能，自始至终从未改变，它一直被放在最显眼的位置，或者最神圣的地方，是礼制的中心。人们尽其所能，将最好的贡品盛放于上，供养先祖神佛，因此，它承载着人们心中的希望。

　　历史上，中国的精神生活离不开礼制和祖先崇拜。一家之中最重要的家具之一就是供桌，因为它承载着人们的精神寄托。

⊙ 黑漆高束腰带底座供桌　榆木

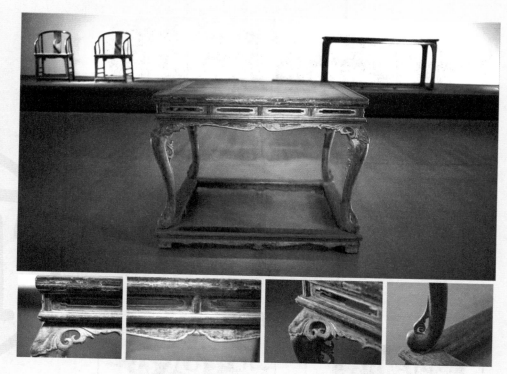

⊙ 黑漆高束腰带底座供桌　榆木

　　这是一张洋溢着浓郁乡土气息的供桌，曾经亮丽的黑色漆面由于岁月的流失显得斑驳而沧桑。榆木的桌面边框不仅宽厚，而且还有拦水线。牙板中间的曲线简洁而又有弹性，延展至两侧时却翻卷出复杂而优雅的透空花型，像披肩一样落在拱起的腿肩上，这形状也有些像传统建筑的屋檐。壮硕有力的三弯腿，是用一根整木挖制而成，并且利用弯曲部分本应该挖掉的木材，镂刻出立体透空的花叶型角牙，不仅增加了弯曲部位的强度，更为肃穆的供桌添上了极佳的装饰效果。长宽都超过一米的供桌，硕大而庄重，体现了人们的崇敬之意。

⊙ 卷草纹供桌　花岗石

⊙ 卷草纹供桌上的花草图案

　　这张以整块花岗岩雕琢而成的供桌，比我们此前见过的木质家具的年代更为久远。它宽阔的桌面，向外大幅度膨出的腿足，与金元时期的墓葬壁画和出土家具的实物，有着惊人的相似。它完全按照木质家具的外观款式制成，以深浮雕手法，雕刻出精美的花纹。两侧桌面下的角牙，各雕出一朵盛开的莲花。

　　造型古朴的石质供桌，装饰华丽、雕刻精巧，为我们展示出中国古代家具多彩的一面。显而易见，它的功能是长期放在室外使用的。

实用功能是一件家具的重要属性。正是因为这种实用性，使家具与日常生活的关联更为紧密。小到桌椅板凳，大到床柜架格，无一不反映着一个时期的生活方式。今天的榻与罗汉床早已被组合沙发取代，供桌更是被电视柜取代，顶箱柜、大衣柜也逐渐被墙柜和壁柜所代替。而回望这些留存在世的古老家具，可以追溯我们生活方式的演变和文化传统的遗失与传承。

一件家具的形成，开始一定是出于实用的需求，但人们很快就赋予了它礼仪上的、美学上的种种元素。人类文明的进程，文化的传播，生活方式的改变，无不在它们身上留下印记。面对一件件传世的家具，我们可以凝想，人们是如何围绕着他们生活的，家具的一个微小的细节，都承载着千百年的传统。

⊙ 螭龙牙子独板翘头案 明式黄花梨

第肆章

榫卯

今天，成千上万的人每天只需要坐在电脑前面，就能完成一天的工作，他们使用的唯一工具，就是一台计算机。而今天的木工们跟过去相比，不知轻松了多少倍。

别具匠心的
木加工工具

　　现代化的木工工具，除了大大节省了人工劳力，也创造了很多现代工艺。今天，用于制作家具的材料，比过去更加丰富了。金属、塑料等各种新材料都加入了家具这个大家庭。同时，人们生活方式的变化，也催生出了更新、更完备、更省力的木加工工具。

⊙　象形文字"斤"与"匠"版画

　　制作家具的历史，也包含着木工工具的发展史。孔子说：工欲善其事，必先利其器。精妙严谨的榫卯、或曲或直或圆或方的构件，都需要凭借各种工具来实现匠师的心愿。从一根原木开始到一件家具的成形，历经锛凿砍削、锯切铲刨、剔雕刮磨等等几十道工序，所用的工具更是多达数百种。

　　然而，最早出现的木工工具或许是斤。斤有些像今天的镐，把儿比较长，是用来伐木的。而使用它的人被称为匠。古时候匠这个字就是指木匠，由此可见，木工在当时的地位是很高的。

　　有了得心应手的工具，匠师们才能把自己的技艺展示出来。中国的工匠可以说把榫卯结构发挥到了极致，而榫卯的类型也层出不穷。

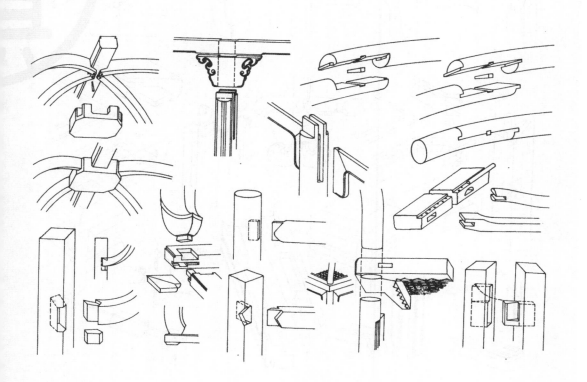

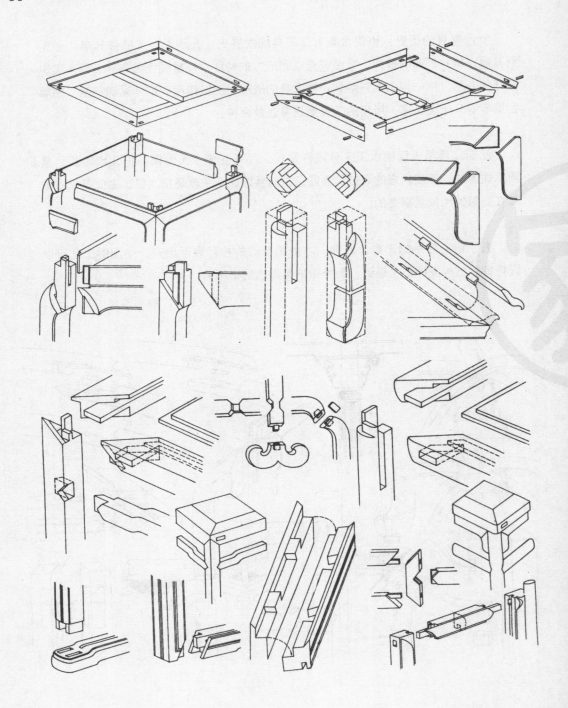

传世精品
的榫卯结构

⊙　四面平霸王枨琴桌　明式黄花梨

这是一张古人专为弹奏古琴制作的琴桌，用八根方木和一块面板就形成了主体架构，除了掩藏桌面下看不见的横枨，以及加强牢度的霸王枨外，再没有丝毫多余的构件。然而，如此简约的四面平结构，却把复杂的榫卯连接隐藏得天衣无缝，如果不拆开的话，只能通过电脑特技才能看到它高超的工艺水平。

⊙　粽角榫结构图

　　木工们引以为豪的，就是让复杂的工艺看上去非常简单。尤其是很像粽子的桌角部分，用的就是工匠们称为粽角榫的结构。它把面板的两条边框以及桌腿，这来自三个方向的构件，相互垂直紧密地连接在一起，使家具的四面平齐，看上去素雅大方。

⊙ 圆后背螭龙纹圈椅　明式黄花梨

传统家具的榫卯样式数不胜数，各自都有各自的功能，各自都有各自的特点。现在常见的圈椅的圆弧扶手使用的则是另外一种很有意思的榫卯结构。

传统的圈椅，椅圈通常由三截或五截弯曲的圆材相接，构成圆润顺畅的马蹄形；每截弯曲的材料是由整根直木削修而成，与现代工业的热弯成形不同，非常费料。一截截做好的圆材之间是用楔钉榫连接的。

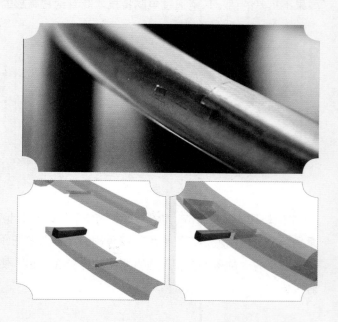

⊙ 圈椅的圆弧扶手楔钉榫结构的电脑分解图

　　楔钉榫是将相连的两端，分别削去一半互相搭接，榫头上有伸出的榫舌，与另一端的榫槽相扣；在衔接面的中部，各凿出一个小方孔，方孔由外而内逐渐缩小，将一枚大头小尾的楔子，插入方孔，使两片榫头不能左右拉开，因此叫楔钉榫。这样上下左右前后都有了约束力，两根圆材便紧紧地连接在了一起。楔钉榫不仅用来连接椅圈，很多圆形家具，如圆香几、鼓墩等圆弧部分，也经常使用这种榫卯。

▎口口相传的手艺

　　几千年来，这些独特的工艺依靠口口相传的师承关系传承下来，并加以不断创新。直到明代万历年间，一位名叫午荣的人，将木匠们流传的口诀以及相关的文献资料汇集整理，编成了《鲁班经》，于是木匠们有了一本专业的教科书了。这本书除了记载建筑、农具外，还讲述了家具制作的要领，并列举了家具款式三十五条，记录了家具的尺寸、用料、构件、线脚、雕饰、工艺造法等等，并附有图纸描绘家具的形状。

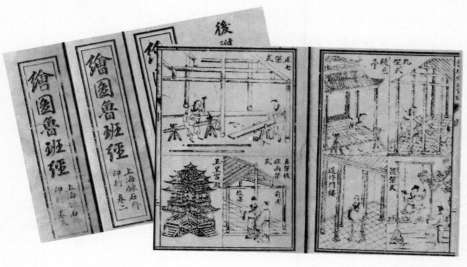

⊙　《鲁班经》封面及内文页

　　日本的一位著名的古建筑师泷川先生，他曾经主持修复了香港志莲净苑、广东云门山大觉禅寺、日本奈良法隆寺等等。

　　泷川说："四百年前，日本的古书里面就有鲁班的记载，室町时代（1338－1573），鲁班的名字就已经出现了。当然，这是从中国传来的文化。当时是作为秘传，在弟子当中，只有最优秀的弟子才能得到传授，这叫做亲传。所以这种传授，使日本的古建筑师始终保持着独一无二的传承。"

　　工具的出现，大大节省了劳动力和劳动强度，也让工匠能够将自己的想法变成了现实。工具多了，当然就能做出更多的样式来，线脚、雕刻也多了起来。对比宋画里的家具，明代的家具明显地更加细腻，也出现了一些新的家具品种。

　　特别是到了明代中后期，家具开始崇尚用珍贵的硬木，于是家具的造型便朝着简约的样式发展，这其中的原因，一是因为硬木价格高，必须要省料；二是木材硬度高了，也就不需要厚实的料；三是硬木比重大，家具沉重，不容易搬动。当然，为了显示财力而故意做成复杂的家具也不是没有，特别是到清代中期以后，工艺复杂的家具比较盛行。而明代中晚期的家具，就如何在简素的造型上体现变化和艺术追求，工匠们应该是想了很多办法的，不过，当时最为流行的就是处理线脚的工艺。

　　所谓线脚，就是在家具面上做出来的凹槽或凸起的装饰线。明式家具，尤其讲究线脚的应用。

　　从事红木家具制作的苏州老师傅钱琪林先生说，线脚有阳线和阴线之分，现在制作线脚的工艺都是用机器加工了，而以前他们都是纯手工制作。

⊙ 有束腰马蹄足翘头案 明式黄花梨

⊙ 夹头榫画案 明式黄花梨

⊙ 夹头榫细节

这是一件名副其实的大画案。长度超过了两米。画案用料宽厚，案面、牙板、腿足的尺寸均超过了普通的案子，它的造型简约，没有任何多余的构件。

这张画案独特的地方就是远看雄伟神奇的造型，近观却透露着非同寻常的细腻的工艺处理。

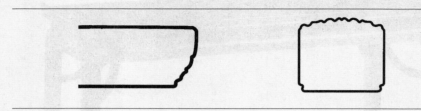

⊙　夹头榫细节工艺图解

　　案面边沿平缓地向下收敛，层次逐渐递减，每层之内，又有细微的起伏跌宕，不仔细观察，很难发现它若有若无的变化。而这正与古代文人含蓄内敛、不事张扬的性格特征相契合。

　　明式的硬木家具，往往在简约中露出了玄机，不多不少的一两处雕饰，让人们在看似平常的家具中透出典雅。好的家具雕刻，刀工纯熟洒脱，刀法流畅犀利。在传世的家具上，是工匠高手聚集数十年之功力，雕刻出的艺术精品。

　　以螭龙纹为例，我们来看几件明清家具上的雕刻。
　　这两件家具上的雕龙充满了立体感，龙眼圆睁炯炯有神，龙吻怒张，牙齿尖锐犀利，头上的鬃发飘动自然，发丝清晰、刀工流畅。

⊙　螭龙纹万历柜局部　明式黄花梨　　　　　⊙　龙纹画箱柜局部　清式红木

⊙ 龙纹画箱柜

【榫卯结构】研究发现，早在7000多年前的河姆渡新石器时代，我们的祖先就已经开始使用榫卯了，中国传统家具(特别是用明清家具)之所以达到今天的水平，与对这种特征的运用有着直接的关系，也正是这种巧妙结构的运用，提升了中式家具的艺术价值，尤为国外家具和建筑艺术家们所赞叹。中式家具之所以又被称之为传统家具，榫卯结构是核心。

中国的榫卯结构，精妙神奇，变化无穷，由简单的几个榫卯可以衍生变化出各种复杂的榫和卯，经过研究证实的榫卯结构有长短榫、楔钉榫、挂榫、斜角榫、夹头榫、燕尾榫、格角榫、棕角榫、明榫、闷榫、通榫、抱肩榫等。

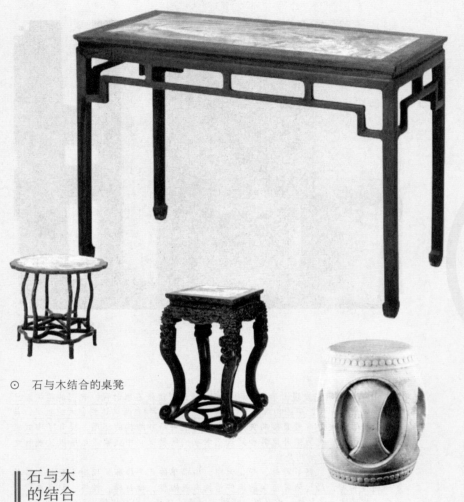

⊙ 石与木结合的桌凳

▌石与木
   的结合

　　中国人对雕刻是情有独钟的，从最早的玉器、石器、砖瓦，从动物的骨骼牙齿，到竹器木器，从巨大的房梁到桌上的笔筒，都展示了工匠们的雕刻技艺。传统工艺的水平，有时候体现为高超的雕刻技法，有时候则是随机应变的智慧体现。当石材被用来制作家具时，由于硬度的关系，就需要工匠们另辟蹊径，找到合理的解决办法。

古代采石是非常困难的，在古代那种工具情况下，无论你怎么打磨，石头也是不可能磨得跟镜子一样。古代的东西都不是平的，它是随形敲下来以后，经过人工打磨的，所以工匠就用木头来随它，是随着石头的高低而行进的局部调整，工匠的专业术语叫随。比如，把木头框架做出来，往石头上一套，有的地方高有的地方低。这时，老师傅就会说，把它随上，这随的意思就是把高的地方的木头剔去。

然而这种对局部的改变，人们站在旁边或坐在旁边，是很难察觉到它的不平的，这就是工艺绝妙的地方。新的工艺就是这样在历史的长河中不断产生和改进的。

⊙ 石面竹节纹方桌　清式大理石及红木

⊙ 大型座屏风

▋家具上
▋的装饰品

在传统家具上，也经常会用到铜件，匠师们称为"铜活"。它们是一些家具上的功能件，比如柜子上的合页、面页、钮头、吊牌和拉手等。

有些则是在家具维修时增加的，比如在松散的榫卯处包镶铜活，用于加固，腿足受潮腐蚀后加装铜包脚等等。铜活除了一般的素面之外，还有鎏金、錾花等工艺，样式繁多的铜活对家具也有一定的装饰意义。

⊙ 黄花梨嵌大理石圈椅四只　清早期

⊙ 家具上的铜活

⊙ 上提式马扎　明式黄花梨

　　这件黄花梨上提式马扎，并没有采用常见的铜活，而是采用了罕见的铁件。上面带有银质的纹饰，仿佛像青铜器上的金银错，这种工艺叫做铁鋄（jiǎn）银，也读铁鋄（wàn）银。

○ 铁鋄银

铁鋄银的制作工艺相当复杂，首先要在铁片的表面凿剁出极细的网纹，然后将银丝或银叶锤打到网纹上，由于银比铁软，所以它能嵌入网纹里。装饰铁鋄银的家具，在全世界是屈指可数的。

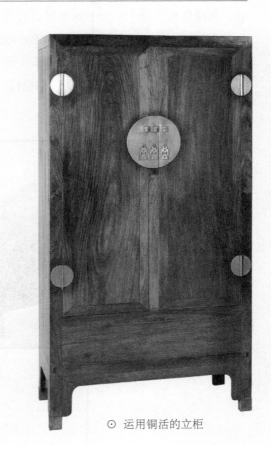

○ 运用铜活的立柜

▎百般锤炼
▎的鱼鳔胶

　　一件家具从解料开始，经过数道或数十道到工序后，就到了组装阶段。传统家具的组装不同于现代家具，传统家具很少用金属螺丝和钉，因为钉子时间久了会生锈，生锈就会腐蚀它周围的木材，钉眼很快就会松脱，家具便散了架。当然，必要的时候也会用到胶。

　　古代用的胶叫鱼鳔胶，也有用其他的动物胶，比如驴皮胶，它们都统称为鳔胶。鱼鳔胶的制作工艺非常复杂。鱼鳔俗称″鱼泡″，也叫鱼肚。古人一般用黄鱼的鱼肚来制胶。首先将晒干的鱼肚用温水泡两天，泡软之后切成细小的碎片，放在大锅里蒸四十分钟。蒸过的鱼鳔变得粘糯松软，再放在砧板上趁热捶打。

⊙　凝固的鱼鳔胶

原料鱼鳔　　　　　　　　对加热后的鱼鳔捶打

过滤到容器　　　　　　　回锅再加热

⊙　鱼鳔胶的制作过程

　　老木匠们常说这样一句话："好汉打不出二两胶"，就是说制作鱼鳔胶的劳动强度是很大的。鱼鳔温度降低后，要回到锅里加热，然后再拿出来继续捶打，如此反复多次，直到变成粘稠的胶状。将砸好的胶倒在过滤网上，一边加热一边挤压，逐渐将胶水过滤到容器里，这样就可以使用了。而剩余的胶，可以放在凉的地方凝固储存，等再次使用时，用热水烫化即可。

　　透过一件件古典家具，人们可以看到各种匪夷所思的榫卯结构，鬼斧神工般的雕刻，这些工艺都渗透着古代工匠们对于工艺的严谨态度。这些工艺，除了要满足比如承重、稳定性、结实度等具体需求，还要满足礼仪上和艺术上的精神追求。

材料

第伍章

现代的生活与古代有着巨大的差别。穿衣吃饭、工作学习、交通住房，一切都变得越来越便捷，越来越多姿多彩。信息的流畅，物流的便利，让家具的样式层出不穷，各种新材料也为家具样式的增加起到了推波助澜的作用。然而，做家具最传统、使用最多的材料，还是木材。

▎千年木
▎千年用

　　木材采伐下来之后并不能马上做家具，而是先要经过处理，因为新采伐的木材中，除了水分，还有树脂、树胶、虫卵等等，这些都会影响家具的质量。在不同力和环境作用下的木材，就会扭曲变形，或者开裂。现代的处理方式是，通过蒸煮、烘干等人工方法，快速处理木材。当然，家具在什么环境下使用，也决定着处理他们的方式。

　　木材研究专家曹新民说，南方生产的家具，如果木材的含水率没降到适应于北方居住条件下的含水率需求的话，家具连接的部分就会开裂、会收缩，也就是说，尺寸的稳定性就会发生变化。本来在南方可以开启的门，到了北方之后，门的开启就会有问题了。

　　传统的木材处理方式通常采用自然的方法。一般是将伐下来的原木扔到水塘里浸泡一两年，然后再晾晒两三年，甚至四五年。因此，盖房子和做家具的准备时间可能需要十几年，是一个漫长的过程。历史上有很多地方是孩子一生下来，父母就开始种一些树，等到孩子十几岁时，就把树伐了准备盖房子打家具，这个筹备过程可以说是半生的时间。

　　这样的方式，在日本的木工修建寺庙当中仍然保留着。

　　日本古建筑师泷川昭雄说："首先，我们承接的寺庙修建工程都是日本寺庙，都在日本建造，也都希望用日本的木材。我一般会问寺庙方，想让这个寺庙保留多少年，如果说想保存五百年，那至少要用五百年以上的木材，这是铁的法则。过去有句古话，叫做千年木千年用，从古至今就是这个道理。"

　　不知道是否有人用现代的科技手段作过测试，千年的木是否可以用千年，但这却是工匠们千百年来根据经验总结出来的。

　　选择什么样的木材通常是根据需要来决定的。最合适的木材应该是与使用环境接近的树种，北方要用北方的树木，南方要用南方的木材，这样，由于环境相近，做出的家具才不容易开裂变形。

　　然而，人们在购买实木家具时一般不会关注材料的产地，往往更关心的是木材的颜色、纹理、质感等因素。

　　今天，中国的家具市场非常热，全世界好的硬木家具全都汇集到了中国，原因是中国人喜欢研究木材，紫檀的、黄花梨的、鸡翅木的，中国人很清楚这些木质的特性，以及它们的贵重性。一件家具的价值，除了木料，还要看设计师的设计，但是再好的设计，如果是使用普通的杨木、椴木做的，也不值钱。而有的家具，尽管设计师没有名气，但是因为选用了好的木料，就成为贵重家具。

⊙　日本　奈良　唐招提寺

紫檀	红木
花梨	鸡翅木

⊙ 木材原木的纹理照片

红木的
分类

　　近年来的家具市场，最流行的一个词就是红木，红木已经成为了贵重家具的代名词。走在街上，随处可见各式各样的红木家具市场。但红木其实是民间的一个俗称，并没有严格的定义。红木这个词应该是一百年前从英文Rose Wood 转译而来的，大概是指颜色深红的木材。英文的这个词也是俗称，它们也都不是指某一种木材，而是几十种木材的泛指。按照现代植物学的分类方法，植物首先分成科，科下面是属，属下面是类和种。现在，红木已经有了国家标准，一共包括五属八类三十三种木材，而这三十三种木材今天都统称为红木。

　　清中晚期时，紫檀、黄花梨这些名贵木材已经越来越少，而且越来越贵，有一种被广州一带的木匠称为红酸枝的木材成了紫檀木的替代品。清末民初时，红酸枝被江浙一带，以及北方称为红木。

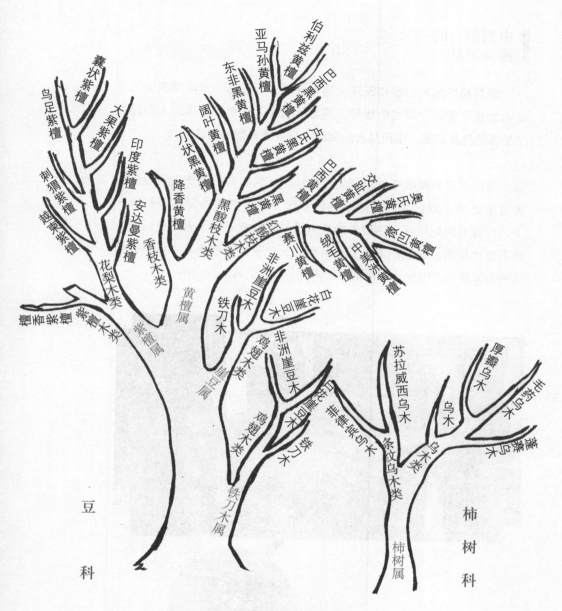

⊙ 五属八类三十三种图解

中西结合的
海派家具

　　随着租界地的出现和西洋人的大量涌入，沿海一带城市的生活方式也发生了变化。洋式的楼房、用品、服装，也包括家具为人们提供了更多的选择范围。中西结合的海派家具就是典型的例证。

　　海派家具收藏者姜维群说："片儿床，其实是把国外人的理念引进过来之后，取代了我们的那种拔步床，而且把那种架子床都取代了，一直沿用到现在。这种床的实用性和它的空间的节省性是以前的床不能比拟的。中国的家具上有石榴花，但是没有玫瑰花，而中西结合的海派家具上出现了玫瑰花，这体现了西方的风尚和时尚。"

⊙ 中西结合的片儿床

‖明代中晚期的
‖家具

　　大约是在明代中晚期，人们开始用他们熟知的紫檀木、花梨木来做家具，其实，更多的家具都是用普通木材制作的。

　　常见的木材，南方以榉木为代表，北方则以榆木为代表，有"南榉北榆"之称。这张华美典雅的架子床，是用江南地区特有的榉木制作的。榉木纹理清晰顺畅，安静而且优美；色泽浅淡，不喧不闹。因此，许多优美的明式家具都是用榉木制作的。

⊙　雕花六柱架子床　明式榉木

⊙ 檐、围板雕刻组图

雕花的架子床是古代床具中常见的款式，由于体型庞大、构件繁多，给了工匠更大的艺术创作空间。因此我们能在这张床上，看到非常多的艺术元素。

首先，床顶四周的挂檐装嵌了十八块花板，分别透雕着"五子登科、状元及第"等图案，正面挂檐下的垂花牙板，也透雕了"送子观音图"，表达出主人对多子多福的美好愿望。床的围板分成三段，上段雕卷草和卡子花，下段分装拐子龙纹的牙板，这种纹式由于很像龙的姿态，蜿蜒曲折，因此被称为拐子龙纹。围板中间装嵌的，是用整块厚木板透雕的苍龙教子图案，寓意主人不忘教育子孙，福泽后代。

主人把一生的愿望通过这张床，全部表现了出来。如此丰富的装饰题材，却并不让人觉得赘复繁杂，这源于榉木的轻灵细腻。由于年代久远，床漆已经完全看不到了。

古代的
漆文化

　　古代的家具过去都是有漆的，不上漆的家具并不多见。家具刷漆的目的，一是为了防潮防蛀，二是便于清理，三是为了美观。不过那时的家具上的都是生漆，而不是我们今天常见的化学油漆。江浙一带把这种刮一层薄腻子，再刷漆的方法叫擦漆。而批上麻布，用厚重的砖灰打底再刷生漆则称为大漆。

　　现代的化学油漆，从简便性和易操作性上，确实有很大的优势，为了区别化学漆和天然漆，人们常将来自漆树的漆叫生漆。

　　漆字是古代秦岭北部的一条河的名称，中国的漆树主要产于秦岭山脉的南北坡。

　　最早的生漆，被发现于六千年前的河姆渡文化遗址。战国楚墓出土的漆木凭几、漆木大床，表面光洁亮丽，刻画精美的图案，说明漆的使用在战国时期已经臻于成熟，并得到了广泛的运用。

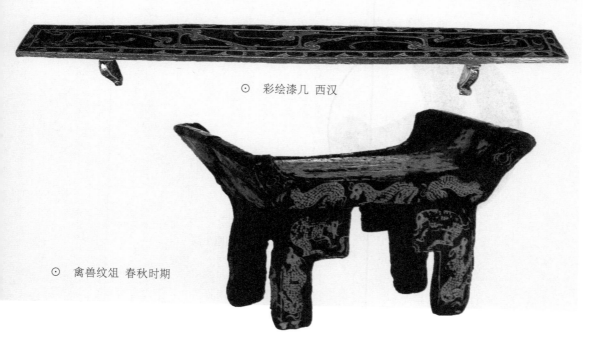

⊙　彩绘漆几　西汉

⊙　禽兽纹俎　春秋时期

　　湖北省恩施的毛坝乡是中国著名的生漆产地之一。

　　毛坝生漆的生长的环境一般要求在海拔八百米以下，对土壤的要求是要清白沙地或者是油砂地，偏微酸性的，这样的土壤比较适合毛坝生漆的生长。因为毛坝地处山区，温差小，四季如春，加上降水也非常充沛，所以非常适合生漆的生长。

　　在湖北恩施市的毛坝乡，有一位八十多岁的割漆老人名叫安贵堂，老人家至今仍然上山割漆。

　　天然的漆，有自然的种种属性，它需要阳光、雨水，以及合适的季节，适当的时间。这些都是古人十分看重的元素。而漆本身就是从树中来的，因此，上漆的家具并未改变木材的性质。

　　大漆最常见的工序，首先是制作胎骨，就是先把家具做好，然后再依次披麻布、做灰、髹漆、打磨，每道工序可以有数道之多，比如做灰，要从粗灰到细灰，最少也有三五道灰。

⊙　从树上割出来的原生漆

我们可以通过一件家具，来体会一下髹漆之美。

⊙　朱漆描金山水纹柜　榆木

　　这是一只朱漆描金山水纹方角柜，漆面亮丽沉稳，漆层较厚，漆面有细小如梅花状的断纹，古雅可爱。以黑、白、金褐色描绘远山峭壁、湖光树影、亭台楼阁，期间以细腻的笔触，刻画出闲聚、观景、晚归等人物形象，寥寥数笔却生动传神。两扇门上的画面各自成章，又交相呼应，上端各题诗一句，温雅端庄。

　　金色漆绘在朱红色漆底的映衬下，绚烂夺目，华贵中透露着清雅风尚，为我们体现了古人的生活追求。

　　传统的髹漆工艺中，有一种独特的方法叫作"雕漆"。它工艺复杂，费时颇多，对漆质和雕刻技艺的要求非常严格。雕漆是在胎骨上反复上漆，少则七八十道，多则一二百道，使得漆膜不断叠加，直到有了足够的厚度。在漆膜并没有完全干透时，雕刻所需要的纹饰，是一种独特的工艺手段。有些漆膜的厚度可以达到15毫米至25毫米，然后在它上面雕刻，因此叫作雕漆。

　　即使在今天有现代化烘干技术的条件下，做成一件雕漆大瓶，也至少需要半年时间。而雕漆中最常见的是"剔红"，因为漆色以朱红为主。

　　陈列于上海博物馆的这套桌凳，就是剔红家具中的代表作品。

⊙　花卉人物纹方桌凳　清式剔红

⊙　花卉人物纹方桌局部

放眼望去，方桌鲜艳浓烈，格外诱人。厚重饱满的朱红大漆上，满雕着多层纹饰。这种细密的纹饰叫作"万花不露地"，是清代体现繁荣盛世常见的表现手法。

全器满雕的牡丹、茶花、腊梅等时令花卉，茎干婉转相连，花型饱满，枝叶茂盛与丰满的器型相应，显得落落大方，气势不凡。

古老的竹家具

作为家具制作材料的漆，有着几千年的历史，然而比它更古老，用途更广泛的家具材料却是竹。

四季长青、遇寒不凋的竹，被赋予"虚怀清雅、亦柔亦刚"的君子之风。而普通百姓，喜欢竹的坚固柔韧、光滑轻盈，更因它取之不尽、用之不竭，而带给生活的诸多便利。甚至佛家弟子，也经常以竹的"空心"，来隐喻佛教的"空"。

⊙ 翘头案 斑竹及核桃木

竹，深受各个阶层民众的喜爱，因此，将竹引入生活，用竹制造家具，便是顺其自然的事。

这张用核桃木做案面，用斑竹做架构的翘头案，选用一寸左右的竹干做主体框架，而以较细的竹枝做为辅助结构和装饰，比例匀称协调。正面牙条下和侧面的角牙内，以纤细的竹、藤编织出图案，空灵可爱。

横竖相交的竹干，直径相同的部分将横向的竹子削开大半豁口，顺势折弯包裹住纵向的竹子，而在较为隐蔽的关键部位，则以细藤缠绕，以强化它的牢固度。木制家具中常说的"圆包圆"结构，就是完全仿照竹家具制作的这种方式。

这种竹案，还有一个别具匠心的地方，就是将原本捆绑用的藤条，有规律地缠绕在竹干上，而竹子的斑点掩映其间，形成独特的装饰效果。

材料在很大程度上决定着家具的形制，而材料不是家具的唯一属性，贵重的材料不见得能做出赏心悦目的家具。古人能用竹子做出如此精美的桌椅，确实值得人们敬重。而买家的心态、设计师的追求、工匠的技艺，都影响着家具式样的变化。

⊙ 清棕竹镶斑竹椅

⊙ 竹桌椅

第陆章

风尚

家具的种类到今天已经数不胜数，不同样式、不同风格的家具反映着与它相适应的社会生活和时代风尚。人口的流动性、财富的急速变化、便捷的资讯交流都影响着家具的形式。

古典家具许多式样非常地大胆和前卫。那么中国的传统家具经历了怎样的演变而成为了我们现在看到的样子呢？了解这些式样的变化，也许能让今天的人们看到不同时代的生活方式和古人们的精神追求。

箱型结构的家具

在久远的商周时期，最重要的社会活动就是祭祀。与祭祀活动有关的礼器制作非常发达。当时有一种放置酒器的青铜禁，被认为是箱型结构家具的雏形。

最早提出这一观点的是德国人古斯塔夫-艾克，他是研究中国古家具的学者。20世纪20年代，艾克来到中国，开始研究中国的传统建筑，后来他迷上了中国家具，并开始收集、收藏中国古典家具。

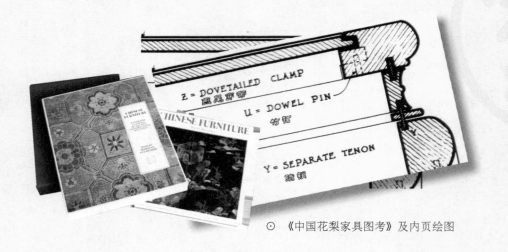

⊙ 《中国花梨家具图考》及内页绘图

1944年，艾克出版了《中国花梨家具图考》一书。这本书，采用了西方绘图的手法，把中国的明式家具的结点、结构、比例关系，都用绘图的方式描绘了出来。

《中国花梨家具图考》可以说是中国古典家具的开山之作，是我们研究、收藏古典家具的这些专家和爱好者们必读的一本书。

现如今，艾克先生收藏的部分家具，赠给了北京恭王府。

在恭王府入藏的艾克先生的收藏中，有一把明代黄花梨的圈椅，这把圈椅可以说是中国黄花梨家具的标准器。

艾克的《中国花梨家具图考》梳理了中国传统家具的演变过程，其学术观点一直沿用至今。艾克认为，箱型结构是中国家具的主要形式之一。

⊙ 艾克收藏的圈椅

⊙ 箱型结构的青铜器

这种箱形结构的青铜器，或许是为了减轻重量，或许也有美观的考虑，侧面做成了一些镂空的样式，后来，这种造型慢慢的引入到了其他的器物上。

有学者认为，箱型结构本身也是源于中亚。

⊙ 《十八学士图》传 宋 赵佶 台北故宫博物院藏

由于早期的家具并无固定的摆放位置，常常为了活动的需要搬来搬去，因此，减轻重量是非常必要的。从汉代到唐宋，历经半个多世纪，箱型结构的榻床和台座经历了一个漫长的简化过程。

根据史书记载，公元621年，李世民于宫城开文学馆，招贤纳士，共有房玄龄、虞世南等十八学士。并且，令阎立本将这些人聚会的场景绘制出来。此后，各代都有画家以此为题作画。

⊙ 《十八学士图》局部

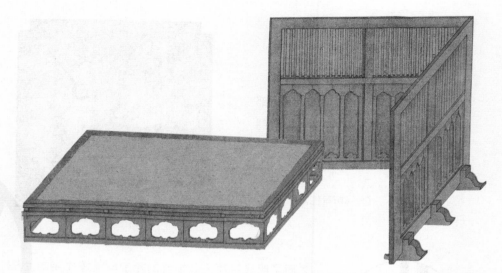

⊙ 《十八学士图》中使用的家具

⊙ 《内人双陆图》唐 周昉 美国弗利尔美术馆藏

　　在被认为是唐代周昉画的《内人双陆图》中，为了便于高坐起来的两位女士下棋，箱型做成了双层，这应该是专门订制的棋盘了。因为那时还没有桌子，就是有也不会普及。另外，这个棋盘的形式仍然保留了当时床榻的样式。

带托泥的供桌

到了宋代的时候，心板的下部边框消失了，两侧底部被装饰成翘起的卷叶和云头，与立柱相连。

⊙ 《听阮图》宋 局部

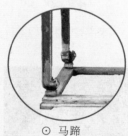

⊙ 马蹄

到了明代早期，装饰性的轮廓与支撑作用的立柱融合为一体。底框之上的板足，也渐渐弱化成简单的勾尖形，这种形制被称作马蹄。至此，唯一保留下来的是底框，以便来保持结构的强度和稳定性，以及不受地面潮气的侵蚀，这个底框，被人们称为托泥。

⊙ 朱漆高束腰托泥供桌

和托泥对着的上部装饰，现在一般称之为壸（kǔn）门，是中式家具的要素之一。按照古籍《营造法式》中的记载，建筑上有壸门造型一说。或许，壸门的叫法也有道理，因为从字形上看，壸字更形象，不过我们还是按照大多数人的叫法，称它为壸门。而壸门的造型也带有了浓厚的中亚印度色彩。

造型艺术的审美

其实，传统中国建筑与传统家具的联系非常密切。它是影响中国家具形式的一个重要因素，传统家具的束腰，就直接来自于建筑。

束腰指的是建筑或家具中上下宽中间窄的一种造型，它很像女性服装收腰的感觉。明式家具研究者王世襄先生认为，中国古典家具大体上可以分成有束腰和无束腰两种。有束腰的家具大多是方腿，一般带马蹄和托泥；无束腰的家具多为圆腿或外圆内方的腿，没有马蹄。

从这件香几上可以看出，束腰是为了从造型上实现直线型面板，到弧形牙板之间的过渡，避免视觉上的唐突和生硬，同时替代牙板起到支撑的作用。包括王世襄等许多学者认为，家具上的束腰，是来源于须弥座。

⊙ 清中紫檀展腿式香几

⊙ 三弯腿五足香几 明式黄花梨

须弥座常见于佛塔、建筑、雕塑的台座。中国最早的须弥座，是北魏时期的云冈石窟浮雕塔基。塔基的上下各有渐进的台阶，上下宽而中间窄，如同收紧的腰部，因此被形象地称之为束腰。

佛教文化的盛行，安置于莲花座上的佛像雕塑从印度传入。从唐宋到明清，须弥座的造型和纹饰不断完善丰富，在民间的运用也越来越广泛，直到今天。

除了须弥座的造型，传统建筑的收分与侧脚，也影响着家具的造型。所谓收分，指的是房子的立柱越往上越细，而侧脚指的是立柱顶端稍微向内倾斜。

这样的设计有助于建筑的稳定性。传统家具完全借鉴了这一特点，椅子、桌案，甚至是柜子的腿足，都设计成略带侧脚和收分的形式，使家具看上去更加稳健而挺拔。

观复博物馆马未都说，家具之所以美，它都美在细处，比如它的腿是有角度的，所谓收分是指在一定的角度下你看着它是正的，但是你仔细观察的时候，会发现它是有角度的，因为人的视点是偏高的。我们一般看到的桌子腿都是叉着的，叫四腿八岔（zhà）。

⊙ 长方形香几

⊙ 百宝嵌年花鸟纹南官帽椅
明式黄花梨

侧脚的运用，甚至影响到椅子后背板的造型。背板也是上窄下宽的形状，通常下方比上方宽出1.5厘米左右，同样合乎视觉上的习惯。倘若背板上下是同样的宽度，人们站着看它的时候，由于视觉上的误差，背板看上去会显得上大下小，有头重脚轻的错觉。

同样道理，椅面下方的壸门轮廓，总体上也呈现出梯形。甚至腿足，上下会有不同的粗细变化。尤其是明式的案子，时常可以看到这样的造型，只不过这种细微的变化，常常被我们忽略了。

观复博物馆马未都说，过去工匠修理家具的时候，如果修坏了，工匠会说这桌子修斗了。什么叫斗？斗字按照我们今天的理解，意思就是两条腿往一块碰了。

⊙ 明式案子的桌腿造型

⊙ 香几的大理石面板

⊙ 理石面托泥长方香几

古人其实是经过了上千年的实践，在不断地试错中找到了视觉上的规律。于是，这些留存很久的精品才能深受人们的钟爱。

▌文人的香几

在众多的明清时期家具中，香几的造型尤为突出。这件理石面托泥长方香几，几面略微向外突出，一块陈年的大理石板当作面板，流露出了主人对自然的钟爱。素雅的腰身、简洁的腿足，整体给人以恬静舒适的感觉。

自20世纪30年代初，诗人、古文字学家陈梦家先生陆续购得明式家具五十余件，他当时不是作为收藏，而是用于日常生活所需。

当年陈梦家夫妇居家所用的这批家具，而今已是国家级的文物，被陈列在上海博物馆。这件黄花梨的五足圆香几，就是其中之一。

无定斋的张德祥说，在传世的明式家具中，桌椅板凳多，香几就特别少。比如说，在一个大院子里生活，可能会有很多床和桌椅，而香几往往是在庙堂上用，或者是在书斋里用。由于它的礼仪性很强，精神的含量特别大，其实用性往往又低，所以香几的存世量特别少。

在明式家具造型中，尽管我们看到很多直线，而曲线的应用更加成熟。这件香几的五足，曲线的设计近乎完美，五条腿弧度顺畅而强劲。倘若弧度过大，会显得疲软肥厚；弧度太小，则不够饱满，没有张力。弧度的把握是体现传统家具制作水平的关键。

⊙ 陈梦家 赵萝蕤夫妇

⊙ 五足圆香几 明式黄花梨

⊙ 托泥长方香几 明式鸡翅木

叙和堂张金华说，这件长方形香几表面上看它是直的，因为最高点和最低点是在一条直线上的。但它的中段和肩部，尤其是在收尾的地方，它的变化比较多，每一个线条的拿捏都是要反复的推敲的。古代的文人会经常反复地推敲，直到它的视觉完美。在中国家具里，香几最能代表文人的空灵，展现了文人对极简主义的追求。

明式家具崇尚简洁，除了要考虑唯美，木材的贵重也制约着形式的自由度。不过，为了显示简约中的奢华，有些设计却是故意将大料小用，尤其是在曲线的造型上。比如一张圈椅上的联邦棍，纤细到了极致，但它所用的材料却并不少。

古典家具除了在造型上追求美观以外，还要求它具有许多精神方面的特质，比如它需要端庄、稳重、大气、内敛，桌案椅柜等家具，尤其如此。只有这样，当使用它时，也会自然受到它的约束，受到它的影响。不过所有这些都是在潜移默化中进行的，没有人在制作家具时提出如此明确的要求。

在传统家具当中，唯一实用性不是很强的家具就是香几，它的确是件可有可无的家具。正因为此，它的形制才更加艺术化，因为在一定意义上，它的实用性就是为了美！

这件长方形香几采用了四面平的形式，所谓四面平，就是家具的每一面都是平的，没有突出和凹进。香几的边抹和腿足，以棕角榫汇集在一起，显得大方素雅。直腿向下延伸时收窄，至底部翻出马蹄，落在托泥上。渐收的腿足，视觉上有类似侧脚收分的效果，露出稳健之态。马蹄足与托泥格角相交，外观呈倒置的四面平形式，与几面相呼应。

这样的长方体结构设计，把明式家具的简约发挥到了极致；它省略了所有的附件，仅保留了结构件"霸王枨"。看似随意的婉转，不仅破除了长方体的单调，也带给香几意想不到的韵味。

⊙ 霸王枨带托泥香几　明式黄花梨 杉木

▌带音箱的 琴桌

　　除了香几之外，古代还有一种家具今天也不多见，那就是带音箱的琴桌。不过这个音箱是用砖制成的，它叫郭公砖。郭公砖是一种古代的空心砖，出现于西周，至西汉在中原关中一代大量流行，到了东汉时期即告绝迹。

　　烧制空心砖的主要原因还在于，它能够节省大量的原料。制作空心砖的工匠中，郑州砖匠郭公最为出名，因此被称为郭公砖。

⊙　郭公砖琴桌

　　眼前这件长方形的空心砖，表面均匀规则地磨印着菱形象眼纹，击之有铿锵之声。木质底座的座面周围有一圈宽厚的立墙，恰巧能容纳固定空心砖，显然是为其量身定做的。底座为夹头榫案式，牙条沿边线起阳线，表面残存的黑漆透露着岁月的流逝。

⊙　琴桌的各部分细节

　　家具形制的变化在很大程度上让我们看到了各种文化交流的痕迹，特别是佛教对文化和生活方式的影响。这些不同时期家具样式的变化，让我们看到了中国古代家具的演进过程，而古代的家具则为我们清楚地保留了这些变化的例证。

陈设

第柒章

家具的种类到今天已经数不胜数，不同样式、不同风格的家具反映着与它相适应的社会生活和时代风尚。人口的流动性、财富的急速变化、便捷的资讯交流都影响着家具的形式。

古典家具许多式样非常地大胆和前卫。那么中国的传统家具经历了怎样的演变而成为了我们现在看到的样子呢？了解这些式样的变化，也许能让今天的人们看到不同时代的生活方式和古人们的精神追求。

⊙ 现代家具

▌现代家具的
▌陈设

　　一件家具到底放在什么位置，几件家具之间的摆放关系不管是有意还是无意，都有它自身的道理。不同的家具及不同的陈设方式，可以让我们了解一个时期的生活状态，包括地域特色和个人的审美情趣。

　　客厅是我们进入一个家庭首先看到的场景。

　　今天，人们到亲朋邻里家串门儿的越来越少了，客厅基本上失去了待客的功能，它更主要的是一家人的活动中心。因此，一般的家庭通常会忽略掉涉及礼仪的内容。

　　除非在正式的会客厅，我们才能看到宾主关系，以及上下级关系的陈设方式。

▌ 流行于清代的
▌ 一桌两椅

或许在乡间，我们也能看到一桌两椅的家具陈设方式，这种一桌两椅的陈列方式是从清代才开始流行的。

在坐北朝南的客厅里，主人坐在东边，客人坐在西边。今天的正式会见会谈也是这样，主人为东，东家、做东、东道主就是这样演化出来的。东面，于是成了主位，但有时候为了表示对客人的尊敬，主人也会把东面让给客人坐。

⊙ 美国纳尔逊艺术博物馆藏

⊙ 中堂

我们今天还能见到的传统客厅陈设方式基本上就是沿袭了清代的传统。一张条案、一张方桌、两张椅子，是一种标准的一桌两椅格式，在清代，上至宫廷、下至乡村人家，都是这种样式。

这种家具摆放的形式，其实是与祭祖仪式有关。每年的正月初一，第一件大事就是祭祀。祭祀时要悬挂祖宗的遗像，在长案上摆放供品，正中摆放香炉，两侧依次是成对的烛台和花瓶。另有其他食品干果等，多多益善，以显子孙后代的孝心。案前设一桌两椅，是祭祖仪式结束后，由家族中在世的长辈就坐，接受子嗣的跪拜。

儿女们每天清晨都向父母问安，夜晚服侍就寝，这一习惯，是长久以来形成的礼制。这种近乎仪式化的陈设形式，成为日常家居的习惯摆设，渐渐形成了清代一桌两椅的"中堂"。而家具的总体的陈设，通常也会考虑风水的因素。

　　无定斋的张德祥先生说，中国清代的陈设文化，讲究西北高，东南低。所以，顶箱柜往往放在北方四合院的正屋的客厅的西北角上，就是正屋的北房的西侧山墙旁。这样，一进门就给人一种厚实、坚实，很踏实、很稳定的感觉，十分富足感、富贵感。条案上可以摆瓷器，摆陈设，也有些雕花的东西，给人一种很舒缓的感觉，使室内的陈设呈现出多变、丰富的感受。

　　在历史的长河中，供桌上的物品也在发生着变化，上方渐渐有了祖先的画像或照片，信教的家庭开始摆放各种不同宗教信仰的神像。

⊙ 顶箱柜　明式　黄花梨

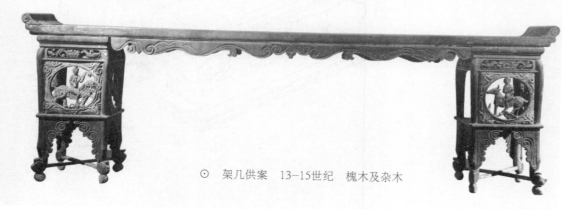

⊙ 架几供案　13—15世纪　槐木及杂木

　　观复博物馆马未都先生说，中国的客厅陈设讲究四平八稳，讲究对称，对称是古典美学的基本原则。一般情况下，长者坐左侧，客人坐左侧，也就是尊者在左位。那么中国人在招待客人的时候要说话，说话的时候我们不像西方人那样，讲究面对面，眼神对眼神，中国人要讲究有一点侧视，比如客人坐在左侧，就不能脸对脸地去说话，必须是侧着。所以，这方桌就要伸出来一

块，杯子放在桌子上，客人扶着杯子聊天，脸稍微有一点错位，这时的错位叫礼貌。虽然西方人认为错位叫不礼貌，但这是我们的文化差异。

椅子上的
礼仪

然而，清代之前的客厅并没有固定的陈设方式。一般家庭只是在正房中间摆一只屏风，屏风前面有一把椅子，通常是一把交椅或官帽椅。如果有客来访，则根据客人的多寡，增添椅子。讲究的家庭还会根据客人的地位选择不同形制的椅子或者凳子摆放出来。

参与了许多苏州园林家具布展陈设的濮安国先生对古典的家具陈设有着深入的研究。

濮安国说："明代的时候，厅堂里不像我们现在那样四平八稳、左右对称的，明代的厅堂是敞开的，而且厅堂的开间比较小，所以一般在中央放一个大的屏风，这个屏风有单扇的，也有曲足式（折叠式）的，一只一只的，前边放两把椅子，这个椅子一般是主人一把，客人一把，来了客人，两个人在那里进行交谈，是很隆重的礼仪形式。平时这里是不放其他椅子的，如果有三个人的时候，就再搬来一把椅子。在明代的绝大部分的厅堂陈设中都是按这个因素来布置的。"

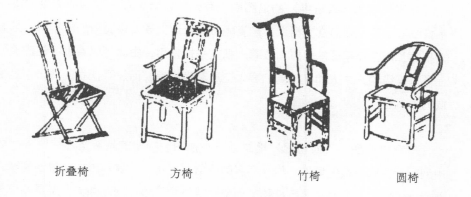

折叠椅　　　　方椅　　　　竹椅　　　　圆椅

⊙ 《鲁班经》插画

⊙ 《西游记》插画

从明代流传下来的图画中，人们很少看到厅堂上有高大的柜子，以及硬木大案一类的不便移动的家具，这说明明代的厅堂中固定陈设很少，但几乎都有屏风，有落地式屏风，也有折叠式的屏风。这些屏风或槅扇是礼仪的象征。

在明代刊本《鲁班经》的插图中，我们可以看到那时厅堂的陈设方式。主人手臂搭着扶手，安坐在交椅上，坐姿随意而舒适。靠右边侧向的灯挂椅，是留给客人坐的。而左侧稍远的地方，放着一把扶手椅备用。由此可以看出，这些椅子实际上是有等级的。主人和身份高的客人，通常坐交椅。而没有扶手的椅子，是给身份低的人就坐。

有意思的是，《西游记》里面的版画插图，描绘的是唐僧师徒四人，取经途中到一户人家借宿的场景。作为宾客的唐僧居于正位，显示出主人对于佛家人物的尊崇。宾主二人的坐具是灯挂椅，而悟空等三个徒弟坐的是圆凳，坐具和位置的区别，表明了他们之间的等级关系。

在明代的很多版画中，我们发现明代厅堂上，只有椅子却没有茶几。椅子不是靠墙放置，而是与墙保持一定的距离。仆人站在一旁，客人用茶时递上，喝完了接过来再端走。

而在更早的辽代墓穴中，展现的则又是一番景象。在这些壁画里，我们没有看到椅凳的存在。

⊙　灯掛椅

⊙　河北 宣化 辽墓壁画

⊙ 灯挂椅 明式黄花梨

椅子从一出现，就带有了地位的属性，跪坐在地上的是最低级的姿势。今天它仍是一种惩罚的形式。比跪坐稍好一点儿的是墩子或凳子，然后是没有扶手的椅子，比如灯挂椅。再高级一些就有了扶手，南官帽、四出头、玫瑰椅、圈椅和交椅就非常高级。到了皇帝那里，当然就是宝座了。

⊙ 清紫檀带托泥圈椅

⊙ 太和殿宝座

　　不过宝座坐上去真的很不舒服，它完全是一种礼仪的象征。宝座也是从最早的框床到罗汉床这样演进而来。它时时提醒皇帝，你是孤家寡人，没有依靠，你需要当机立断。

卧室的
摆设

　　成语有一个词叫登堂入室。登堂不见得能入室，因为堂指的是前面的厅堂，室则是内室，是主人和家眷休息的地方。传统中国的建筑是堂在前室在后，妻子则称内人就是内室中人，明媒正娶的妻子称为正室，后娶妻妾则只能是侧室或偏房了。

　　关于卧室的陈设，明清区别不是很大。北方自然是以炕为主，南方则是以架子床和拔步床为主。

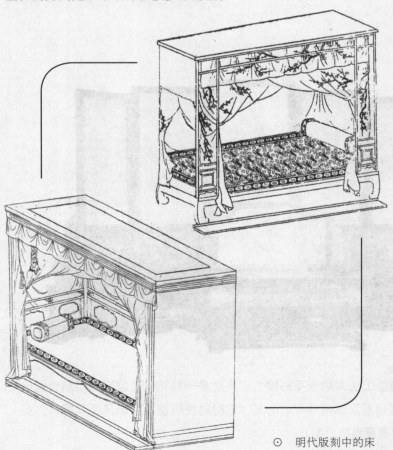

⊙　明代版刻中的床

⊙ 万字纹拔步床　明式黄花梨

　　民居卧室也可以分好多种类，比如文人，他们也有他们的卧室。在《长物志》里面，文震亨写的关于文人的卧室，床前一定要干净，也不要放太多东西，一个桌子、一个小柜子、两个方凳；所有的那些杂类的东西，要放在后面，创造一个比较素雅的环境。他也写到男女的卧室，不要太繁杂的纹饰。比如，牡丹、梅花或者万字纹，都不适合一个文人的卧室，而是比较适合女人的卧室。

▌文人的书房

　　书房是读书人的最爱。明代文人对书斋的重视异乎寻常。明代画家文征明的曾孙文震亨的《长物志》和高濂的《遵生八笺》中，都从理学、审美及养生的角度，对明代书斋的位置及陈设器物等，提出了严格的要求。

⊙ 书房格局

　　书斋中最重要的当然是书桌和书案，《长物志》的作者
文震亨认为，书桌应"设于室中左偏东向，不可迫近窗槛，
以逼风月。"意思是不要靠近窗户，避免风吹日晒。

　　而高濂则是将书桌上的器物，一一列举，甚至连材质
的新旧都有要求。两人不约而同地提到了榻，供"偃卧趺
坐"，甚至榻下还要有滚脚凳，用来按摩涌泉穴。

书架更是必不可少，《遵生八笺》上记载：书桌的"右列书架一"，更是把应该放什么书都写得一清二楚。可见书房中只设一件书架，放些经常浏览的书即可。其他的书，则另放它处。这样陈设的书房，简洁疏朗，再略微点缀些奇石或盆景，更是清雅宜人。

其实，每一个家庭的陈设都自有它的道理和韵味。与家具一样，如何摆放家具恐怕首先考虑的就是实用性，方便、避寒、通风、防晒、安全等等是最重要的。然后是礼仪上的、美学上的因素。

而宫厅的、达官贵人的、文人雅士的陈设方式，对民间有着很强的示范作用。

⊙ 陈梦家夫妇藏品

手艺

第捌章

现代化、规模化的生产方式，使产品的成本越来越低。
而人工成本的提高，使修理费用大幅增加。因此，东西
坏了就扔掉，对人们来说变得司空见惯。过去走街串巷
修理钢笔、雨伞，锔锅锔碗，修理旧家具的，今天在城
市里几乎已经绝迹了。

然而，有一些家具却是值得修复的，那就是一些名贵的
古代家具，它们造型优美、工艺精湛，人们不惜花工费
力去修复它们，不过，修复古典家具却并不是件容易的
事情。

值得修复的
古典家具

修复古典家具要修到它历史的最初阶段，达到一种原生态的状态。叙和堂的张金华先生二十多年来一直从事古典家具的修复工作，他正在修复一件托泥长方形香几。

⊙ 修复的托泥

据张先生介绍，这件长方形香几送来的时候，托泥没了，所以它的稳定性不够。现在要配上一个鸡翅木的托泥，使其线条完整。

张先生认为，修复既是一个对古代家具的阅读过程，也是一个对古代家具的诠释的过程。

⊙ 修复后的托泥长方形香几　明式鸡翅木

古董商的
记忆

20世纪70年代初，收藏家安思远的《中国家具》出版了，在国际市场上掀起了中国家具的收藏热潮，从而引发了港澳台地区古董商的重视。

此时，正是文革末期，很多政策也开始松动。香港古董商人陆续进入大陆，收罗古典家具。而改革开放之初的广东更是首当其冲，大量精美珍贵的明清家具，在短短几年内迅速流向海外。

今天已经有了自己的仿古硬木家具制造企业的伍炳亮先生，就是在那时由收购老家具开始创业的。

伍炳亮说："当时在江门地区大概有二三十人做收购老家具的生意，广州市应该也有二三十人收购老家具，北京那个时候很少量的一部分人也在做这种生意。特别是王世襄在1983年出版了《明式家具珍赏》那本书以后，就兴起了购买老的家具的热潮。"

在广东最早从事这一行业的还有一位区胜春先生。据他回忆： 当时有一个在澳门回收旧家具的人，过来找他帮忙，去收购旧家具。他们就跑到新会、台山、上海、苏州等地去收购古典家具，当时收回来就能赚到百分之十。他做了有一两年，收回来的旧家具全都卖给了澳门。

就这样，沿海地区的优秀传统家具随即变得越来越难找，他们进而开始向内地寻找老家具、收购老家具。而最早开始去河北、山西农村收购老家具的人当中，就有刘传生先生。

据刘传生说， 一开始他们是由近处开始收购老家具的，但是，一定要了解本地的文化，也要看看全国各地应该什么地方会有老家具。去山西，是因为山西的商人特多，尤其在明清两代，山西的富商应该说在全国是相当有名气的。

‖ 圈 椅

经过百年以上的动荡，老家具破损也是正常的，我们可以通过张金华先生修复一把明式圈椅，进一步了解与传统家具有关的种种知识。

这把椅子需要修复的地方有三处：一，圈椅的圈已经断裂；二，本来是藤编的软屉坐面，大概在清末民初时被换成了硬板上绷席；三，椅子正面的牙板丢失了，需要重新配。

⊙　修复一件圈椅的过程图解（前、后）

中国家具最有意思的就是榫卯结构，这种榫卯结构的家具拆卸起来也是很意思的。

张金华说："明代或者清代的圈椅，它的圈几乎都有一些断裂的地方。圈椅只要一倒地，必折，因为这个地方很脆弱。当然，这也形成了一个我们现在的鉴定特征，就是说如果圈椅的圈没断过，我们就会觉得这个圈椅的圈是不是原配的很可疑了。"

‖ 交 椅

其实，圈椅在清中期以前并不是非常流行，最流行和最有身份的是交椅。

交椅是从两河文明慢慢传过来的，应该是在唐中期的时候到了中国。后来慢慢演变成圈椅。到了宋明以后，开始逐步成熟。

⊙ 公元前14世纪埃及法老椅

⊙ 圆后背螭龙纹交椅　明式黄花梨

　　张金华说，历史上有很多的复制的交椅，但是有一些工艺还是达不到历史的原状。

　　交椅曾经的流行很大程度上是因为它可以折叠，搬运方便。进入20世纪，来自欧洲设计的折叠椅很快就取代了交椅。各种木制的、铁制的、电镀的折叠椅层出不穷，没有人再用交椅了，工艺水平也就渐渐地退化、失传了。

因为有了新的材料，也有了新的工艺，人们的日常生活也更加丰富多彩了。很多工艺传统的流逝正是因为使用的人越来越少。但是有些老的器物，它却可以折射出那个时代人们的生活面貌以及他们的所思所想。有很多今天失传的工艺可以通过拆解这些器物来研究，了解他们的技术手法，但有些就很难复原了。

‖ 沉 香

香文化在中国古人的生活中非常重要，与香有关的器物通常都是精工细作。这件佛像，是用攒斗法制成的。不同类型的沉香，按不同方式拼接在一起，这种沉香与今天的用香不同，它不是像在家里的蚊香一样点上熏着，它只是摆放在那，随着温度和湿度的变化，会使不同类型的沉香，交替散发出不同味道的香气，偶尔飘过来一缕，令人心头一阵惬意。现在这种沉香的实物还在，但工艺做法，已经失传了。不过幸好还有实物在，或许有一天人们能破解这沉香的攒斗法，这其实也是收藏的意义所在吧。

⊙ 沉香佛像

充满人情味
的收藏

除了工艺上的特色，也有一些充满人情味的家具值得收藏。

最早一批去山西、河北收购古董家具的马可乐先生，就收藏了很多这类家具。

⊙ 遗嘱柜及细节图片

这样一只小柜子，粗看起来它只是一只很普通的小的柜子，是人们常见的一种摆在睡房里边的炕上面，或者台案上面的小柜子。能够把它收藏下来，是因为这个柜子有着非常丰富的人文的内容。从这个柜子里面，我们可以看到中国古代的德育，家庭的教育，有对父母的孝敬和对子女的关爱，还有在社会上处事行为的一些准则。柜子的两个门都是可以拿下来的，这种做法也是我们传统家具中很常见的一种做法，是中国工匠的一种智慧。这个小炕柜又叫做遗嘱柜，柜门上写着"寡欲精神爽、思多血气衰，少杯不乱性，忍气免伤财"，意思是，在人生成长的过程中，你需要注意和养成良好的习惯。良好的习惯可以让你避免人生的很多的麻烦。门板的后面写着，"贵自勤中得，富从俭上来，若能依此说，置业又何难"。这是咱们年轻一代父母的普遍的一个想法和要求。

中国的传统家具在这点上，和西方的家具有些不同。西方的家具虽然开始也和建筑联系在一起，但很快，建筑走上了以石为主的道路，家具只能独立自主；而中国的家具却始终和建筑紧密地联系在一起。

▌现代家具的设计理念

曾经在欧洲学习建筑和家具设计的方海先生，对东西方家具设计体系有着深入的了解。他说："中国的家具系统，它作为一个非常完善的，由功能主义出发的家具系统，对西方现代家具影响要在过去的五百年之内，要大过西方对中国的影响。西方对中国家具的影响主要是集中在20世纪的后期，主要是在包豪斯之后，它的这种影响不仅仅是对中国的影响，而且是对全球的影响。因为高科技的发展，信息时代的发展，不管是在中国古代还是西方古代，以前的那种少数人能够享受很精美的东西的那个时代，基本上是一去不复返了。现在，你必须要为这个非常非常大的大众来考虑。包豪斯这个理念，实际上是融合了中国家具的精神和西方现代的科技。"

现代的家具设计除了功能性以外，对环保、节约等方面都有考虑，同时，还要符合现代人的居住环境和审美追求。而借鉴传统家具的理念与今天的生活相结合，也可以给人带来不同的感受。

家具设计师朱小杰说："我大部分的设计都是来自于明式家具的精神，比如一把钱椅，我把它从四百多年前的圈椅中抽出，给它一个现代的生活的方式，给它一个当代的材料、当代的科技，然后综合起来去表达。我很想表达我们祖先的一个思想，就是外圆内方，这个是我们中国人为人处事的一个最高的艺术。就是说，不管你身处在什么样的位置，不管高还是低、贫还是富，你都会坚持自己的一个原则，坚持自己的一个道德底线。更重要的是，我把我们祖先的思想，通过这把椅子的设计，能让它传承下来。"

⊙ 钱椅

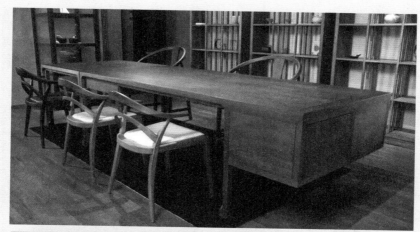

⊙ 现代生活中的古典家具

　　家具设计师吕永中说："我们的办公室通常是现代的办公方式，但我发现，我们可以用一些传统的书房的方式去做办公室布局。比如这张桌子，首先是一个木头的台面，实际上它有几个暗的抽屉。我觉得暗的抽屉可以藏一点东西，挺好玩儿的。像这把有点像圈椅一样的椅子，是一个新做的方式，我重新考虑人体工学，使它比较舒服。通常在办公的时候，尤其是长时间用电脑会比较累，隔段时间靠在椅背上放松一下，可以调整一下工作节奏。"

　　但是，如果说到家具收藏，实用性通常就排到了靠后的位置，而家具的造型、工艺、以及年代便成为了关键，材质只是考虑的元素之一。

　　喜欢研究中国古典家具文化的柯蒂斯说，他一开始玩家具是为了审美，所以特别重视一件家具的雕塑工艺，包括它表达的是什么样的气质，具有什么样的气氛。所以柯蒂斯一直以为，如果一件东西可以跟他沟通，这件东西就是有收藏的价值，而材料他并不是特别重视。柯蒂斯发现，很多好的材料没有审美价值，所以他还是把造型、审美放在第一位。

⊙ 《武陵春图》局部　明　吴伟　北京故宫博物院藏

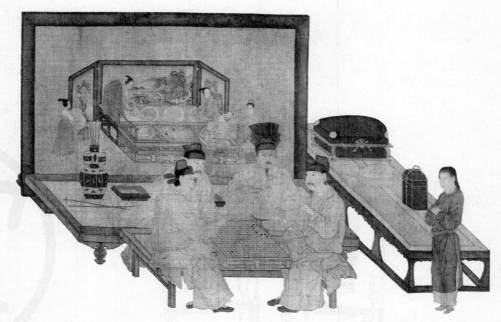

⊙ 周文矩重屏会棋图卷 局部

　　无定斋张德祥认为，收藏古典家具，表面上看是通过玩儿古董积累财富，其实，增值、保值，只是收藏的很小的一部分。

　　古典家具提供给了我们很丰富的精神享受，我们生活在不同的地域，在不同的历史时期，不同的经济条件下，其审美要求都不一样，社会状态也不一样，因此，家具也一直在变。今天遗留下来的古家具，它凝结了当时的时尚信息、文化符号。今天把它摆到我们身边，看见它就像是延长了我们的生命。比如，我们看见乾隆的一把椅子，就好像自己也在乾隆时期生活过。我们在喧闹的城市楼房里面，摆上一套古代文人使用过的，素雅的但是很精致的文房家具，那一下就冲淡了这个城市的喧嚣。

　　古人的生活方式已经无法复制，今天的收藏更多的是我们对于古代生活的一种好奇、一种追忆、一种尊敬，以及一种礼赞。

匠心　第玖章

每个时代都有每个时代的特点，建筑的风格、休闲的方式、出行的车辆、服装的款式，甚至连发型都在随着时代而变化着。家具也可以展示一个时代的风貌，只是人们一般不会太注意到它的变化。而每个时代的家具，都是为了各自的时代服务的。

⊙ 券口靠背玫瑰椅　明式黄花梨

‖ 玫瑰椅

比如这种椅子。现在人们叫它玫瑰椅，在江浙一带，人们也称它是文椅。玫瑰椅的靠背和扶手都比较低矮，而且靠背和扶手之间是相互垂直的。它的式样，是从宋代的一种靠背与扶手平齐的椅子演变而来。这种椅子在宋代绘画中反复出现，可见是当时流行的一种椅子形态。

玫瑰椅名称的由来，至今都没有定论。目前能够见到唯一类似的记载是《扬州画舫录》中的"鬼子式椅"，有学者认为这是玫瑰椅最早的记载。

玫瑰椅靠背低矮、平直，不适合倚靠，因此舒适感不佳。它的装饰效果大于适用性，玫瑰椅在园林的亭台别苑中使用广泛。椅子的教化作用，恐怕不是设计者有意为之，但是人们坐在上面就会端正，这大概是一种潜移默化的功能吧。坐在玫瑰椅上面，感觉既是椅子装饰了人，也是人装饰了椅子。

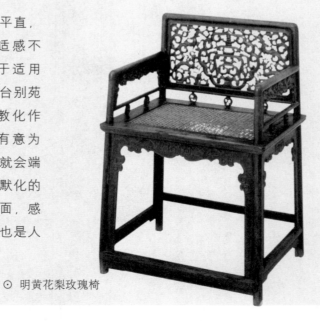

⊙ 明黄花梨玫瑰椅

⊙ 玫瑰椅一对

　　这对玫瑰椅，是这类椅子中最常见的一款。它用材纤细，造型小巧美观。平直的搭脑和扶手，以烟袋锅榫扣合在腿足上，结构坚固、简洁明快。

　　椅子的功能决定了它的形式，椅子的形状和功能非常近，比如，过去人们都是穿长衫，南方冬天更是要穿棉袍之类的衣服，所以椅子相对要宽大，进深一般不会太大，一则是坐着舒服，二则是起身和落座都相对方便，年长者，也可以扶着扶手起和坐。扶手如果出头就要向外撇开一点儿才好，不然坐下时不小心会剐到衣服。

家具风格的传袭

　　明代的家具式样基本上是仿照宋代，宋代是中国家具的大发展时期，各个门类齐备，宋代的家具造型大多造型纤细，虽然优雅但结构略有缺憾，工艺也没有达到完善。元代的统治，短短不足百年，但是不可否认北方的粗犷风格对于宋式家具的影响。

⊙ 展腿式桌子

　　据无定斋的张德祥介绍，这张桌子可以分成两截
儿，桌腿上面像一个小炕桌，实际上它就是蒙古族在
蒙古包里常用的小炕桌的式样。后来，元代入主中原
定居之后，因为欣赏这种款式，就又加了一个架子，
把它延展开去，这叫展腿式。这种款式的流行应该是
元代形成的。但是元代器物，又继承了辽代、金代的
风格。桌子上的向日葵花，实际上是辽代人崇拜向日
葵、崇拜太阳的一种传袭。

⊙ 反映明代生活的版画

大漆
家具

　　到了明代的中晚期，社会生活发生了巨大的变化。

　　随着商品大潮的出现，冲击着固有的社会等级，资本主义萌芽在苏州一带出现。这个时期，有钱的人越来越多，但他们常常受到传统绅士的讥讽，于是他们凭借雄厚的财力，开始收购大量古玩字画，添置精美的硬木家具，力图争取到在社会中的话语权。他们与工匠结合，制造出更加精美的器物，并且极力仿效文人雅士的日常生活。我们在明代版画中看到工商业主的作坊里，就充满了今天人们热衷的明式家具。

叙和堂的张金华认为，在明代中晚期，尤其是在明晚期的时候，是中国的硬木家具比较成熟和灿烂的时期，但是硬木家具并不是古人或者是文人家具里面最重要的家具，当时最重要的家具恰恰是漆器家具，即大漆家具。大漆家具的制作过程比硬木家具的制作过程要复杂很多倍。

我们现在认为，很多古代的硬木家具是不上漆的，这是一个错误观点。明代的时候，每件家具都要上漆，不管是黄花梨家具还是紫檀家具、乌木家具，我们现在看不到漆了，是历史脱落的原因。

⊙　大漆官帽椅

精工细作的
匠人

大漆的也好，擦漆的也好，好的家具制作的关键是要用心，要精工细作。在金钱可以买到一切的环境中，传统士绅为了能和这些新贵们抗衡，拿出了最具杀伤力的武器——时间。因为新富裕起来的人希望迅速得到社会的认可，而传统贵族则可以为一件精品等上几年甚至十几年。

⊙ 大漆夹头榫平头案

据编剧邹静之说，当年聘闺女，王家、李家比的是什么呢？比的是谁做得慢。听南方农村的老太太讲，如果王家用一年的时间做好了整个的满堂的家具，而李家还没做好，那么王家人是不会放工匠走的，王家宁可让木工天天把那刨刃推出去，空刨子在那里推，也要展示我们家是精工细作，比你们家做得还慢、还讲究。这就能看出当时人们是比谁家做得好，不是比谁家做得快。

其实，工匠或者说手工艺人在干活时的心态是至关重要的。虽然生漆几千年来都在中国使用，后来才传到了日本，但到明代中晚期的时候，日本的漆器已经令当时的宫廷和士绅非常着迷了。至于谈到工匠的心态，日本著名漆器大师冈田先生的感触非常深刻。

⊙ 干漆八音盒

冈田先生说，要想一辈子从事这个行业，除了热爱，没有其他的。他认为运用自己的双手做出一件件器物，如果不热爱不喜欢，只是单凭兴趣和责任感，是绝对做不好的。无论做哪道工序，哪种作业，都能沉浸在其中，感觉到乐趣的人特别适合这个行业。这种人经过实践的磨炼，一定是会有出息的，热爱加上兴趣，无论做的水平是高还是低，只要是在享受制作的快乐就行，这才是手工艺的根本。

冈田先生的一件干漆八音盒已经做了将近三年，现在还需要半年时间才能完工。对于制作漆器、螺钿和百宝嵌的工匠来说，这种耐心和热爱的态度尤其重要。试想一下螺钿的工艺，它要求把贝壳磨薄，有的薄到0.5毫米以下，几乎透明，然后再切割成不同形状，镶嵌上去，再打磨抛光，没有耐心和兴趣的人，恐怕是不能胜任这项工作的。

1922年，英国学者赫伯特·塞斯辛基在他关于中国漆家具的论述中，就极度赞叹了中国工匠这非凡的耐心。

工艺精湛的
百宝嵌

　　百宝嵌的工艺，则是将各种不同的材料，像玉石、玛瑙、珊瑚、翡翠等拼装在一起，这更是需要工匠们能够沉下心来，正所谓慢工出细活。

　　据说，百宝嵌的工艺是由明代的工匠周翥发明的。这件由象牙嵌的轿箱本来是放到坐轿人的身旁，工艺非常讲究，牙嵌的人物、动作和表情栩栩如生，令人叹为观止。

　　而说到百宝嵌，明代的一位传奇人物则不得不提。

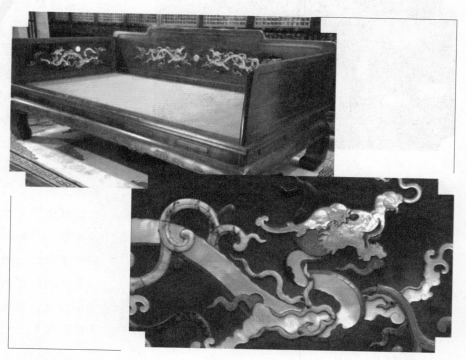

⊙　百宝嵌床榻及细节

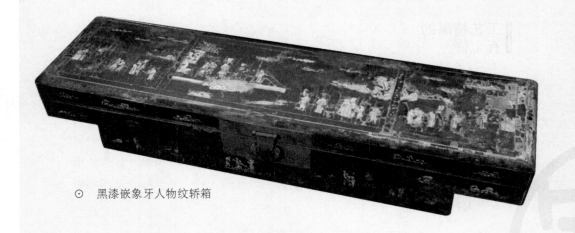

⊙ 黑漆嵌象牙人物纹轿箱

⊙ 百宝嵌挂具

⊙ 百宝嵌木盒

周翥是明代的百宝嵌的创始人，但他的作品却流传很少。原因之一是，他的作品却很珍贵，在明代的时候定制他的作品要等很长时间，甚至好几年，而且还不能要求工期，必须是什么时候做完了什么时候来取。另外，他是被严嵩最后包养的一个艺术家，严嵩要求他的作品只能给他，不能给别人。

现在已经不可能再出现严嵩式的人物了，而像周翥这样的工匠也难得一见。这需要方方面面的从容才能做到，急功近利是没有办法产生传世精品的。

从事家具和建筑设计的朱小杰先生对此是深有感触。他说："古代，我可能很难去了解它的状态，我们只能是在现有的资料当中看它的一个状态。但是，我早期学木匠的时候，看师父的那种状态，就会很享受。虽然，工钱对他来讲也很重要，但是做事、做活的那个过程对他来说是一种享受。因为我们从他在做活的认真当中，以及对工具的爱当中，感觉到他不是把工作作为一个谋生的手段，而是把工作变为他生活的一部分，而且是很重要的一部分。"

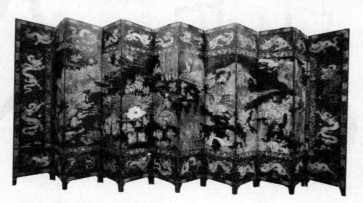

⊙ 螺钿屏风

今天的社会已经很难让人有耐心为了一件家具而等上几年甚至十几年的时间了，人们为此发明出各种机器设备来加速产品的完成。而古代工匠们那漫长岁月的精雕细刻，才使得现代的人对那些器物充满了敬爱之心。

⊙ 螭龙纹朱漆衣架 杂木

传承

第拾章

现代，人们的生活无疑比古代更加丰富多彩，要处理的信息也更加繁杂。唯有加快生活节奏才能满足各种需求，因此，家具也必须跟上时代的脚步。今天的家具可以说是千姿百态，色彩丰富，款式新颖。这些为现代生活方式和家居环境量身打造的家具，充分考虑到各类人群的使用需要，居室大小、使用功能、风格喜好等等因素。从豪华别墅的高档家具，到单身公寓的折叠沙发，可以说是应有尽有。现代化的流水线作业，大幅度地降低了生产成本；五金配件的广泛使用，不仅解决了运输安装的繁重劳作，更可以实现随心所欲的组合变化。人口的流动性、财富的急速变化、便捷的资讯交流，都影响着家具的形式，也影响着家的感觉。

⊙ 30年前的家具设计图谱

家具的
发展与改变

　　家具是耐用品，可以使用一辈子甚至几辈子。但现代的家具逐渐在向消费品转化，坏了要换，旧了要换，过时了要换，当然有了更喜欢的款式也要换。尽管观念上与过去有了很大的不同，但对美好生活的向往却是从古至今都没有什么不同的。人们也想尽一切办法使自己的生活更舒适和方便，家具就是这样出现的，也是在这个动机下，不断地发展和改变着。

　　当人们走向了定居生活，开始有了家，有了家具，尽管那时的家具还很简单、粗糙，但它首先的功能就是实用性。人们很快地就赋予了它礼仪上的、美学上的种种功能。人类的进步、文化的传播，深深地刻画在了一件件家具上。面对那些传世家具，我们可以猜想，是什么样的人在这上面憩息生活？那些结构、装饰后面承载着怎样的传统，蕴含了怎样的情感与生活？

从日常起居、工作学习，到婚丧嫁娶、招待亲朋，我们都离不开家具。正是由于家具和人类如此地亲密，我们才能够透过它看到一个个时代的生活方式。

比如清代的时候，官员的服饰就有各自存放的地方。朝服有朝服柜，官帽不得随意乱放，一定是放在专门的帽架上。

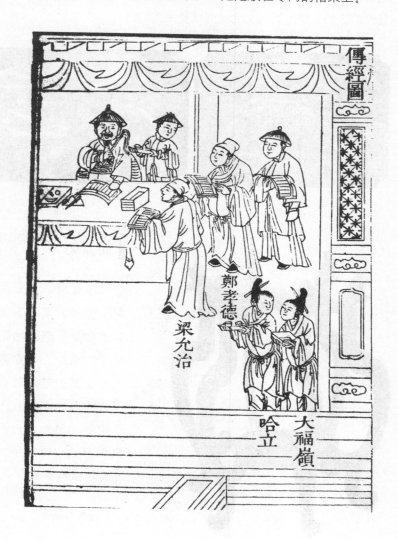

‖官帽架

　　邹静之第一次见到这个官帽架的时候，他也不知道这是什么，架子的三条腿雕刻的是螭虎龙，有的人管这种龙叫草龙，它的做工非常精美。最主要的是一件榉木的架子会出现这种包浆，让他爱不释手，他觉得没有三百年这种包浆是出不来的。而这就是古董家具和新家具最大的区别，新家具是完全没有这种感觉的。

⊙　官帽架　榉木

‖面盆架

　　随着生活方式的变化，很多的家具失去了实用功能，渐渐地被淘汰了。比如，现在家里有卫生间的越来越多，过去的脸盆架也就失去了作用。另外，过去家家都有的小矮方桌，现在也越来越不多见了。

⊙　酸枝木凤面盆架

⊙ 紫檀龙纹高面盆架

‖ 火盆架

　　还有一种器物则是在更早就销声匿迹了。在那个没有电、没有暖气的时代，家家户户用来取暖的主要方式就是炭火盆。火盆通常放在一个架子上，架子的面板中间有圆孔，用来安放火盆，周围有鼓钉垫着，免得烤坏木材。隆冬季节，置于屋子中央或炕上，通红的炭火温暖着一家人。

⊙　三弯腿火盆架　明式榆木

⊙　紫榆木火盆架

现代的
工艺与传承

　　家具的从有到无，也让我们看到了一个时代的结束，而家具的更新换代也催生着工具的不断革新。

　　现代化的木工工具，除了大大节省了人工和劳力，也创造了很多现代的工艺。用于制作家具的材料也更加丰富，金属、塑料等各种新材料都加入了家具的这个大家庭。人们生活方式的变化也在催生着更新更完备的木工加工工具。

　　观复博物馆马未都先生说："明代后期是家具制造的黄金时代，在中国的家具加工历史上有一种平木的工具叫作锶（sī），它是刮削木头用的工具，就是使木头变平。刮削有一个问题，就是如果木头过硬，用锶是刮不动的。因为刮的时候，它会跳刀。所以，中国在嘉靖以前的宫廷家具，凡是带年款的都是漆家具，因为漆家具它不需要刮平，越麻越容易挂住灰，然后髹漆、雕刻、绘画，然后成为名贵的家具。"

⊙ 面盆架　陈梦家夫人藏

到了公元16世纪，也就是明代嘉靖、万历时期，平木工具有了很大的改进，因为刨子开始大量使用，硬木家具也随之流行起来。

观复博物馆马未都说："我们今天能查到的所有关于家具的文献都是明代后期的，像屠龙的《文具雅编》，文震亨的《长物志》等等都是明代后期的。也就是说，你能查到有这些记录的，一定都是明代后期的书。晚明的时候，硬木家具就开始出现了，而硬木家具的出现，它是跟工具革命有着巨大的关系。"

叙和堂张金华说："明代晚期的文人尽量地追求硬木家具上面的山水纹，这种纹饰，在黄花梨上面很容易找到，因为这种纹饰是黄花梨的结构特点。这个山水纹的特点就是上小下大。在明代，文震亨的《长物志》里面，就曾提到把这些文人的木头统称为文木。"

其实，材料不是家具的唯一属性，贵重的材料不见得能做出赏心悦目的家具。古人用竹子也能做出精美的家具。当然，时尚的潮流、消费者的心态、设计师的追求、工匠的技艺，都影响着家具式样的变化。

比如，在明代的后期，就有一种为文人喜好的家具出现了，这件家具也是唯一一款用年号命名的家具——万历柜。

⊙ 螭龙纹万历柜　明式黄花梨

‖万历柜

　　万历柜又叫亮格柜，所谓亮是指通透的意思，上面的架格从侧面看，从正面看，都是通透的，所以它叫亮格柜。因为它是在万历年间非常地流行，产量非常地大，所以又俗称万历柜。

⊙　多宝格　清式紫檀

⊙　龙纹多宝格柜　清式紫檀

　　万历柜的亮格多数为单层，可以放置书籍和古董珍玩等物品，陈列于书斋或厅堂上，具有强烈的观赏性。亮格的正面围子，很像戏台的栏杆一般，将亮格装饰成了一个舞台，而演员就是那些主人珍爱的物品。这样的方式，或许与明末文人的心态相关，多数文人在那个时代，没有展露才华的途径和场所，只能以物言志，含蓄地表露心迹。而万历柜上的"小舞台"，正是他们心中的期许。

　　观复博物馆马未都先生说："万历柜的陈设特征跟清代的多宝格完全不同，它只有一个平面，最多有两个层。而清代的多宝格就不是这样的，它是错落有致的。"

‖ 交椅式
‖ 躺椅

　　透过一件件古典家具，人们可以体会到古人对于工艺的态度，同时还能联想出那时人们的生活状态。这些工艺除了要满足比如承重、稳定性、牢固度等具体要求以外，还要满足礼仪上和艺术上的精神追求。

　　清朝晚期以后，沿海城市随着租界地的形成，西方人大量涌入中国，西式的洋房不断出现。这些建筑也让家具跟着发生了巨大的变化。欧洲流行的装饰艺术风格的设计，在上海就尤为突出。

现代，各个房间的家具陈设，也是随着建筑固定下来的。而中国古代，特别是清代以前，除了睡觉的床，其他家具会经常挪动。尤其是在没有电、没有空调的时代，人们在可能的情况下，常常会在室外活动。

⊙ 今人模仿交椅式躺椅，感受着悠闲

⊙ 《桐荫画静图》局部

有一种折叠的躺椅在明代就非常流行。这种可以折叠的躺椅，有着鲜明的特点，它比圆背式交椅结构更加简单。大角度的靠背和超长的扶手，是它显著的特征。

在明代画家仇英的《桐荫画静图》中，凉亭里的老者半卧于椅上，目光眺望远方寂静的山林，悠长的扶手使人的四肢可以充分地舒展。当年的设计者为什么会制造出这么长的扶手，我们今天也不得而知。

在明代的《三才图会》一书中，把这种椅子称为醉翁椅，这或许能给我们一些启示，说明它显然是为不讲究坐姿威仪的人准备的。

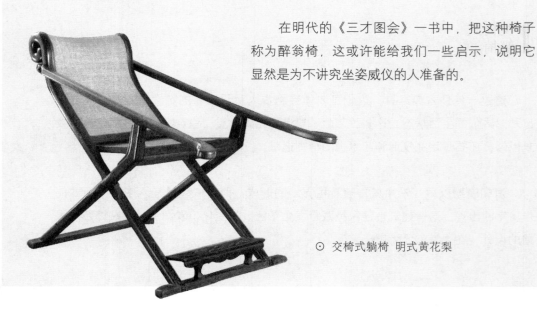

⊙ 交椅式躺椅 明式黄花梨

　　家具的出现一开始就是为了方便人们的生活。在历史的长河中，各民族之间的交流融合，使家具的品种不断增加，样式也不断创新。外来文化对家具的影响是显而易见的，但是随着时间的推移，不管是榫卯结构，还是风格样式，从雕刻的纹饰到大漆的断纹，甚至就连木材的裂纹，都渗透着中国人的生活方式，见证着中国文化的发展与传承。

⊙ 《桐荫画静图》
　明 仇英 台北故宫博物院藏

（京）新登字083号

图书在版编目（CIP）数据

家具里的中国／央视风云编著：—北京：中国青年

出版社，2015.2

（最美中国系列丛书）

ISBN 978-7-5153-3033-4

Ⅰ.①家...　Ⅱ.①央...　Ⅲ.①家具-历史-中国　Ⅳ.①TS666.202

中国版本图书馆CIP数据核字（2014）第295865号

出版发行：中国青年出版社

社　　　址：北京东四十二条21号

邮政编码：100708

网　　　址：www.cyp.com.cn

责任编辑：李杨

编辑电话：(010) 57350510

门市部电话：(010) 57350370

印　　　刷：北京科信印刷有限公司

经　　　销：新华书店

开　　本：700×1000　1/16

印　　张：10.25

字　　数：100千字

版　　次：2015年2月北京第1版　2016年12月第2次印刷

定　　价：36.00元